「水の都」を受け継ぐ

愛媛県西条市の地下水利用と「地域公水」の試み

川勝健志 編
Takeshi Kawakatsu

ナカニシヤ出版

写真：西条市空撮

写真上：笹ヶ峰から見た西条市　写真下：石鎚山　右頁写真：笹ヶ峰標高 1300m 程の山中

左頁写真：禎瑞の堤防　写真上：稲穂と石鎚　写真下：禎瑞地区

写真：まちの中心を瀬戸内海へ向かって流れる加茂川

写真上：地下水が「うちぬき」から田んぼに流れ込む　写真下：出荷前の野菜を「うちぬき」の水で洗う様子

写真上下：市内各所にある「うちぬき」

写真上：アクアトピア水系の一部　写真下：アクアトピア水系のせせらぎ

写真上下：　「周桑手すき和紙」生産の様子

写真上：加茂川で憩う人々　写真下：西条祭りの様子

写真上：海底の水源から清水を汲み上げている弘法水　写真下：弘法水の湧き水

写真上：瀬戸内海　写真下：瀬戸内海でカヌーなどを行う　　写真提供＝西条市

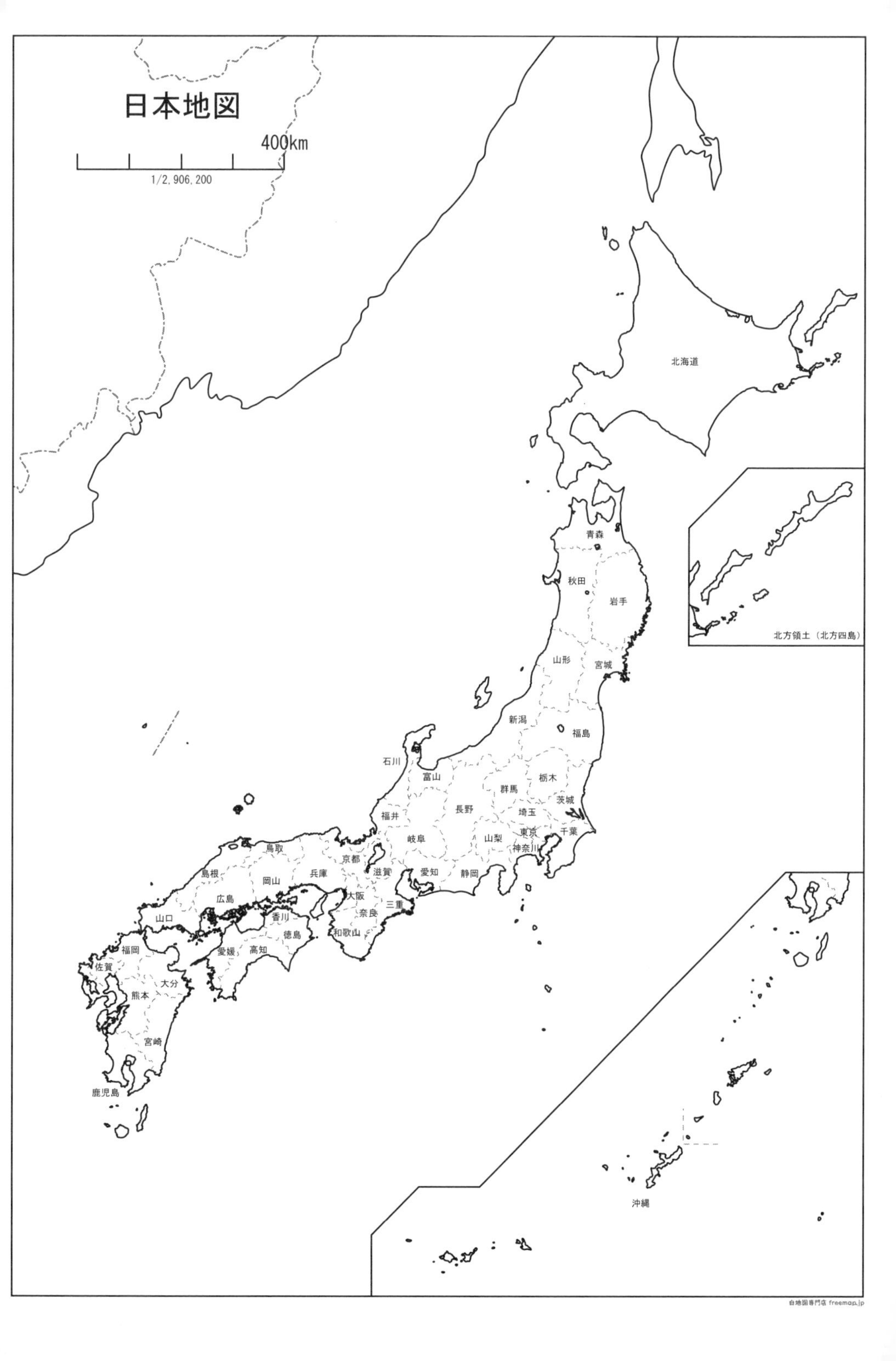

日本地図
400km
1/2,906,200
北海道
北方領土（北方四島）
青森
秋田
岩手
山形
宮城
新潟
福島
石川
富山
栃木
群馬
茨城
福井
長野
埼玉
岐阜
山梨
東京
千葉
神奈川
鳥取
京都
島根
岡山
兵庫
滋賀
愛知
静岡
広島
大阪
三重
山口
香川
奈良
徳島
和歌山
福岡
愛媛
高知
佐賀
大分
熊本
宮崎
鹿児島
沖縄
白地図専門店 freemap.jp

四国・愛媛県における西条市の位置

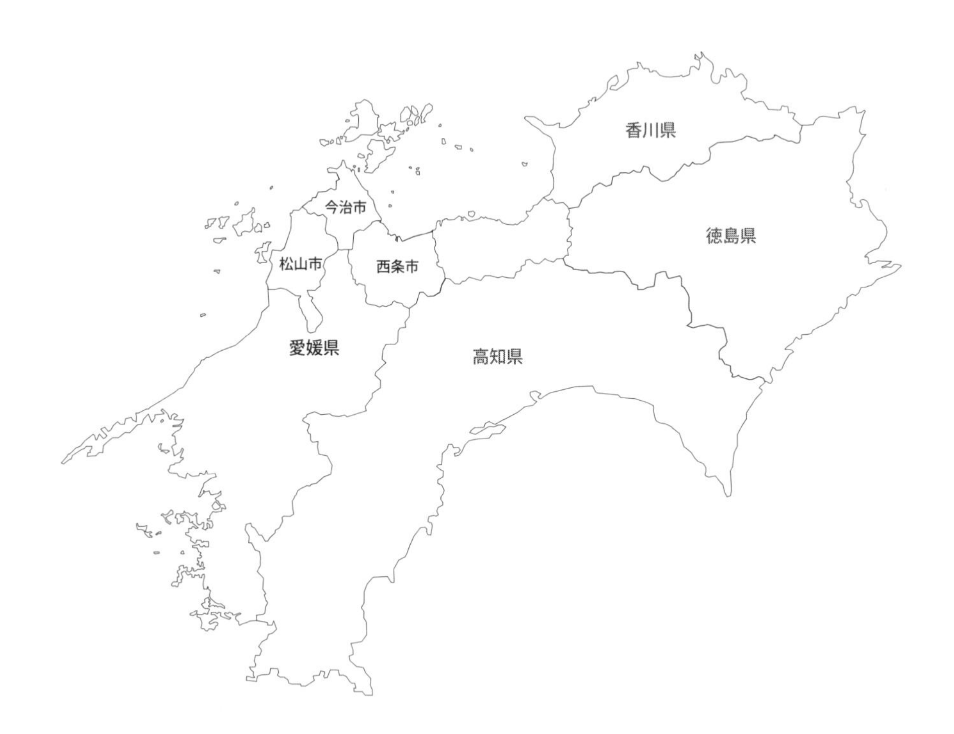

目　次

まちを潤す西条の地下水

“当たり前”の価値を問い直し，未来へつなぐ

川勝健志

本書の問題意識

家族との何気ない会話，健康で生き生きとした暮らしなど，私たちの日常には，“当たり前”と思いがちだが極めて価値の高いものが数多くある。生まれながらにしてそうした価値が存在していたからなのか，あるいは日々の生活に追われていつの間にか気づかなくなってしまうからなのであろうか。私たちはそうした価値が大切であることはわかっていながらも，それが当たり前になってしまうと，目まぐるしく流れていく日々の生活の中に埋没してその価値を意識しなくなってしまうことが往々にしてある。そうした価値が損なわれる，あるいは失って初めてその価値の大きさに気づくことも少なくない。

私たちが日々利用する水の価値についても同じことがいえるのではないだろうか。日本では水道の蛇口をひねるといつもきれいな水が出てくるということに特別な感慨を抱く人はそれほど多くないであろう。むしろそのことを常識とさえ考えている人たちがほとんどだといった方がよいかもしれない。しかし水道水のもとになる淡水は，実は地球上にある水のわずか3%程度に過ぎず，しかもそのほとんどが北極や南極の氷河や高い山の上にある氷，地下深くにある地下水であるために，私たちが利用できる水は実は全体のわずか0.01%ほどでしかない。

実際，世界に目を向けると，水道が無く，遠くの川などから水を運ぶ不便な生活を余儀なくされている人たちが8億人以上もいる（WaterAid, 2021）。子どもが一日に何時間も水を運ぶために学校へ行けなかったり，女性が危険な目にあったりする地域もある。川や井戸の水が病原菌で汚染され，重度の下痢などにかかって亡くなる人が毎年50万人もいる（望戸, 2019）。国連は2030年までにすべての人が安全な水を飲めるようにする計画を掲げているが，2025年に48カ国で28億人が，2050年には54カ国で40億人が何らかの水不足に陥るとの予測もある（OECD, 2012）。世界では安全な水が足りなくて困っている国が数多く存在しているのである。

こうした水不足に悩む国に比べると，日本は安全な水が手に入りやすい国といってよいが，そのことは将来にわたっても安泰であることを意味しない。本書で着目する地下水についていえば，戦後の高度経済成長期のような過剰な汲み上げは過去のものとなったが，地下水位の広域的低下は今も深刻な問題としてあり，地下水汚染の脅威も消えたわけではない。また，水利用の変化や森林の荒廃などに加えて，地球温暖化がこのまま進めば洪水や渇水の頻度が増えると予測されており，地下水の安定確保には実は不確実な側面が多い。他方で，最近は災害時でも断水しない自己水源として，地下水の有用性への注目度はむしろ年々高まっている。ここに，日本では当たり前とされがちな水，とりわけ地下水の価値をいま一度問い直し，その持続可能な利用と保全のあり方について検討する意義がある。

ところが地下水をいかに守り管理していくかという問題は，人の命はもちろん生活や産業の基盤としても極めて重要であるにも関わらず，社会科学の分析対象としてはあまり注目されてこなかった（千葉, 2019）。地下水に関する書籍といえば，嶋田・上野（2016）など特定の事例について地下水の仕組みを自然科学的に解明したものやその利用と管理に必要な技術等の紹介，またそうした科学的知見の啓蒙に重きを置いたものがほとんどである（沖, 2016：2012；守田2012；日本地下水学会・井田, 2009；総合地球環境学研究所, 2009）。他方，社会科学では，地下水利用権をめぐる法的研究（宮崎, 2011）や一部社会学的な研究（鳥越, 2012）があるのみで，地下水の保全や利用のあり方とその方策，それを支える財源確保策などに関する書籍については，千葉（2019）や柴崎（1976）などごく限られたものしかない。それも当該書籍で部分的に取り上げられるに留まるものがほとんどであり，まして本書のように地下水をまちづくりという視点から論じた書籍は皆無に等しい。

 今なぜ西条なのか

本書は，地下水利用をめぐる人間の社会経済活動をいかに制御し，持続的な利用を実現するのか，複雑多様化した利害関係者とどのように合意形成を図るのかという問題について，「水の都」として名高い愛媛県西条市のまちづくりを素材に，主に社会科学の立場から迫るという極めてユニークな試みである。

●水が湧き出るまち

西条市は2004年11月1日に旧西条市，東予市，丹原町，小松町の2市2町が合併して誕生した人口約11万人の地方都市である。北は美しい瀬戸内海に面し，南には西日本最高峰の霊峰，石鎚山（いしづちさん）（標高1,982m）を中心とする石鎚連峰がそびえ，そのそばに源を発する加茂川の流れによって形成された扇状地に西条市がある。そしてなにより注目すべきは，先端を加工した鋼管を15〜30mほど打ち込むだけで良質な地下水が湧き出てくるという全国でも珍しい自噴地帯が広がっていることである。自然の圧力によって地上に湧き出る地下水の自噴水や自噴井は，「うちぬき」[1]と呼ばれ，その数は確認されているだけでも市内に約3,000本ある（図序-1）。“きれいな地下水が自慢のまち”というのは全国各地にあっても，汲み上げなくても地下から次々とおいしい水が湧き出してくるまちには，めったにお目にかかれないだろう[2]。

この豊かな地下水の秘密は，水が湧き出る特殊な地形とその仕組みにある。西条市は縦横に複数の断層が複雑に走った独特の地下構造によって，海岸沿いに広がる西条平野の加茂川と周桑（しゅうそう）平野の大明神川（だいみょうじんがわ）・中山川それぞれに地下水を貯める帯水層がある。図序-2から，西条平野には二つの断層の間に深いくぼみがあり，そこに地下水が貯まる構造になっていることがわかる。そこに横たわる粘土層から圧力がかかることで，粘土層を打ち抜くと水が自噴する。一方，周桑平野には西条平野で見られるような大きなくぼみはないものの，同じように粘土層があり，パイプを打ち込むと被圧した水が出る仕組みになっている。自噴域は西条平野で8.1km^2，周桑平野で8.2km^{2}にもわたって形成されており，地下水の埋蔵量はそれぞれ最大で3.5億m^3，3.7億m^{3}と推定されている（西条市, 2017：3）。

地下水は河川水と交流している。図序-3は，西条の水マップを示したものである。この図から，平野部の地下水は，山地からの河川水が主な涵養源になっていることがわかる。西条市は，石鎚山系を源流とする加茂川と中山川の

1）水を出すための鉄管を地面に打ち込むことを「打ち抜き」といい，それが「うちぬき」の由来となっている。

2）1日の自噴量は約13万m^{3}にも及び，その最大埋蔵量は7億2,000万m^{3}で，東京ドーム580杯分にも相当するという。

図序-1　市内各所にある「うちぬき」

西条平野の地下水の仕組み
（加茂川流域）

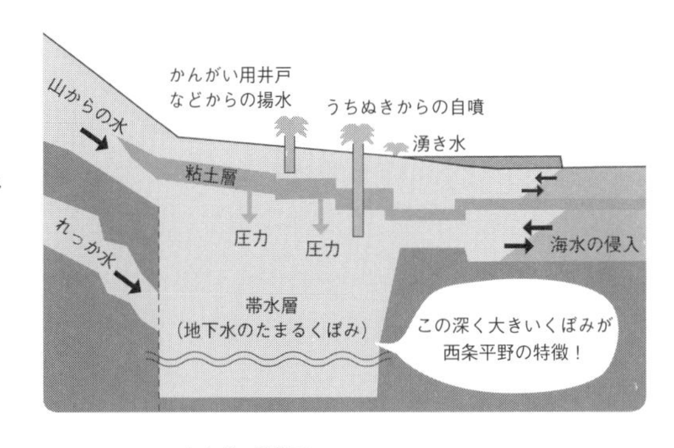

周桑平野の地下水の仕組み
（大明神川・中山川流域）

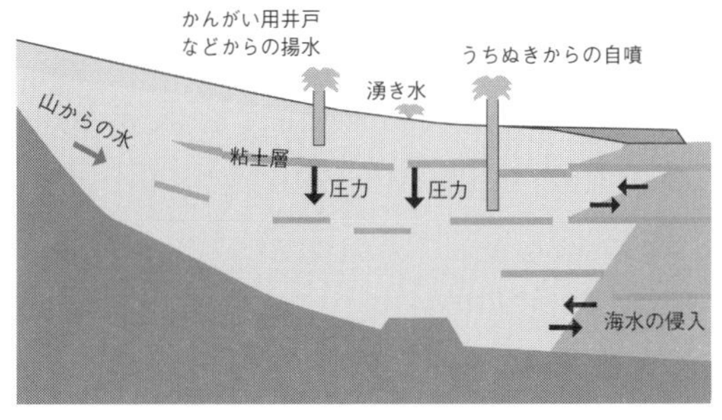

図序-2　西条市の地下水の仕組み（西条市経営戦略部シティプロモーション推進課広報係, 2018：4）

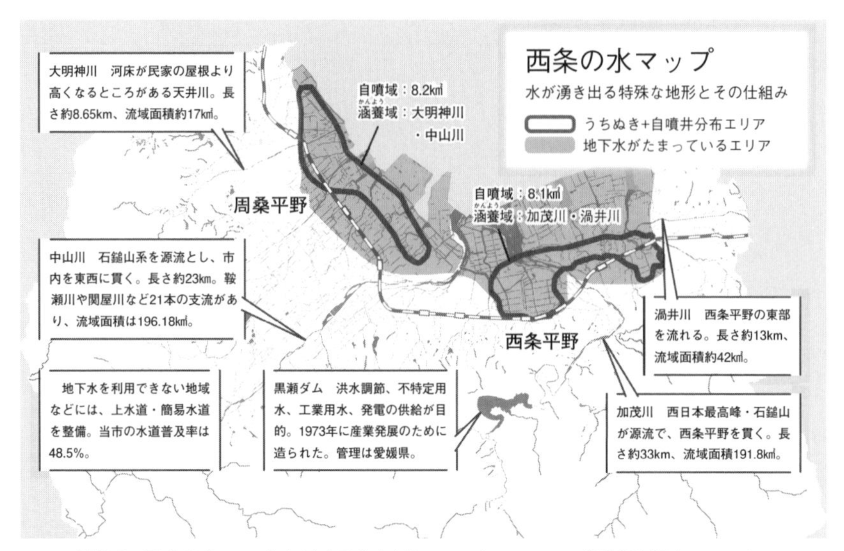

図序-3　西条の水マップ（西条市経営戦略部シティプロモーション推進課広報係, 2018：4）

2大河川が東西の山地を流れて市内を貫流し，最東部では渦井川（うずいがわ），最西部では高縄山系（たかなわさん）を源流とする大明神川が海に流れている。石鎚山系は標高が高く海までの距離が短いため，山地の河川は急流で，降った雨は比較的短時間で海まで流下する。特に加茂川は平野部の流路が短く，河床は透水性の高い礫が多いので，沿岸部でも地下に浸透しやすくなっている。

美しく豊富な水量の川は，豊かな生態系も支えている。加茂川と中山川には，四国の他の地域では絶滅したとされるカジカやカブトガニが生息し，日本でも有数の干潟が広がる沿岸域にも多くの希少種が確認されている。このように生物多様性に富む生態系は，質と量の両面で西条市の地下水の豊かさを示しているといえよう。

●まちを潤すおいしい水

西条市が「水の都」と呼ばれてきたのは，前述の「うちぬき」に代表される自噴水が古くから住民の生活に取り入れられ，活用されてきたことに由来している。たとえば，早朝，農家の人たちが出荷前の新鮮な野菜を「うちぬき」の水で洗う様子などは，西条ならではの風景である（図序-4）。現在では，市内の至

図序-4　出荷前の野菜を「うちぬき」の水で洗う様子

る所で容易に揚水できるようになっており，住民の飲用水や生活用水，農業用水など，生活に必要なあらゆる水として広く利用されている[3)]。とりわけ，旧西条市の中心部とその周辺では地下水への依存度が高く，今でも上水道等が整備されていない区域がある[4)]。そのため，現在も市の上水道普及率は約50%に過ぎず，多くの家庭が昔ながらの自噴井である「うちぬき」を今も生活用水として利用している。地下水は水質が一般に安定しているが，とりわけ自噴水は水温や水質成分の変化がほとんどない。実際，「うちぬき」は岐阜県揖斐川（いびがわ）町で開かれた全国利き水大会において，1995年と96年に2年連続で日本一に輝いた全国でも屈指の「おいしい水」として知られている。

西条市が「水の都」といわれるもう一つの理由は，温暖で雨の少ない瀬戸内気候区にありながら，石鎚山系や高縄山系の山々に降った多量の雨が20年〜40年もの年月をかけて湧き出てくる水が市内を流れ，人々にとって潤いと安らぎのある水辺空間が創り出されていることにある。加茂川扇状地の末端域では，

3）生活用水に関しては山間部の一部を除き，すべて地下水に依存している。

4）上水道が整備されている区域であっても，水道を利用せずに地下水のみで生活している家庭や水道と地下水を併用している家庭が多い。なお，上水道の水源も約90%は地下水である。

5）図序-2のように，湧水は粘土層の上側を流れる浅層の地下水（不圧滞水層の地下水）が地表面に湧き出たもので，被圧帯水層から自噴する地下水とは異なる。

図序-5　アクアトピア水系の一部

図序-6　海底の水源から清水を汲み上げている弘法水

「観音水」に代表される湧水（泉）[5] が市内に51ヶ所あり，市内の水路を潤している。市街地を流れる水路には，湧水からゲンジボタルや鮎などが生息するほど清らかな水がゆったりと流れ，その恵まれた水環境を実感できる「アクアトピア水系」が約2.4kmにもわたって整備されている（図序-5）。この水系には自然石による護岸改修，水辺の緑化や遊歩道が整備され，住民はもちろん観光客が「水の都・西条」を体感できる散策ルートになっている[6]。また，アクアトピア水系から濠（ほり）を経て海に向かう本陣川の河口近くまで足を延ばすと，海底

6）西条市観光物産協会「西条水めぐりマップ（歩きコース）」を参照。

から湧き出ている「弘法水(こうぼうすい)」を拝むことができる（図序-6）。弘法水は，弘法大師が杖をつくと湧き出した泉と言い伝えられており，毎日多くの人たちが水を汲みに訪れる人気のスポットである。

●産業を育てる名水

西条市は四国最大の経営耕地面積をもつ県内でも屈指の農業のまちでもあり，営農に利用されている地下水や湧水が多いことも特徴である。田んぼの中にある「うちぬき」から大量の地下水が直接注ぎ込まれる光景には驚かされる（図序-7）。西条市では名水の恵みを受けて，はだか麦や愛宕柿(あたごがき)，春の七草，水稲，メロンやイチゴなど，全国に誇れる数多くの農産物が生産されている。中でも，近年全国区の人気を誇っているのは，市のブランド野菜である「絹かわなす」である（図序-8）。まるでフルーツのような瑞々しい触感や味わいは，豊富で柔らかな軟水「うちぬき」でしか出せないという。

市内各所で自由に水を汲める「うちぬき」の場所があり，水そのものが販売されているわけではない。しかし,「うちぬき」を用いた多彩な特産品がつくられており，その一つが市内６ヶ所に蔵元がある日本酒である。高い杜氏技術と名水仕込みのお酒は市場でも人気が高く，プレミアム商品として扱われているものもある。農産物の印象が強い西条市だが，実は魚介類も豊富に水揚げされている。海産物の加工品の製造も盛んで，良質な海苔やちりめんは土産品とし

図序-7　地下水が「うちぬき」から田んぼへ直接注ぎ込まれる

図序-8　西条市のブランド野菜「絹かわなす」

ても好評である。清澄で充分な量の水は，魚類など水生生物に良好な生息環境を与えるなど，水産業の振興にも寄与しているのである。

一方，西条市では古くから和紙など清澄な水を必要とする産業も栄えてきた。良質で豊かな水に恵まれた東予（とうよ）の国安・石田地区では，自噴する水を用いて今も紙すきが行われている。全国シェアの90％を占める檀紙や奉書紙に用いられる「周桑手すき和紙」[7]は，生産者こそ減っているものの，その技術は受け継がれ，市の伝統産業として今も健在である（図序-9）。臨海部には豊富な工業用水を求めて，半導体製造工場，鉄鋼・機械工場，電子機器製造工場や造船工場などが立地し，四国でも有数の工業集積地となっている。アサヒビール四国工場やコカ・コーラボトラーズジャパン小松工場など，飲料メーカーの工場が市内各所に進出しているのも，名水といわれるおいしい水を求めてのことであろう。

以上のように，西条市が今日，「水の都」として発展してきたのは，豊かな自然環境の中で生まれた地下水が古くから人々によって育まれてきたからに他ならない。西条市は今や“若者世代が住みたい田舎”としても注目を浴びているが[8]，本書でこのまちを取り上げるのは，次のような理由からである。一つ

7）周桑手すき和紙は，江戸時代に農家の窮状を見かねた田中佐平翁が私財を投げ打ち，農家の副業として広く普及させた歴史ある工芸品である。

図序-9 「周桑手すき和紙」生産の様子

目は，水に恵まれたまちや地域ほど水が“当たり前の”資源として認識されているきらいがあるからである。前述のように，西条市は地下水に育てられてきたまちであり，地下水質並びに地下水量の保全は，市民生活の安全，安心，健康を守る（=うちぬき文化を守る）最重要の政策課題である。ところが西条市は，幸運にも過去に深刻な地下水障害（地盤沈下，地下水汚染，渇水）を経験したことがない。そのため，日常利用する水に目に見える形で何か問題が現れない限り，世界的に懸念されているような水不足についてはもちろん水の価値を共有することがその重要性とは裏腹に容易ではない。

二つ目は，地下水保全管理計画で地下水を「地域公水」と明確に位置づけている全国唯一の事例としてこのまちがより広く認知されるべきだからである。日本の民法では，基本的に所有権は地上から地下にまで及ぶので，私有地の下にある地下水は土地の所有者のものということになる。これは「私水説」と呼ばれる考え方で，理論的には自分の土地の下にある地下水はくみ上げ放題というわけである。しかし近年は，地下水は河川水の水と同様に流動しているのだ

8）西条市は，（株）宝島社が発行する『田舎暮らしの本』（2022年2月号）で発表された「2022年版 住みたい田舎ベストランキング」において，若者世代が住みたい田舎部門において，3年連続で全国第1位を獲得している。エリア別ランキングにおいても，2019年から2年連続で全部門（総合・若者世代・子育て世代・シニア世代）で四国第1位となっている。

から，その恩恵は土地の所有者だけでなく，関連するすべての人が享受すべきだとする「公水説」が理論的にも実践という意味でも，存在感が増しつつある。

折しも2014年6月に水循環基本法が制定され，地下水がいわば「公共水」と位置づけられた。たしかに地下水は公共水ではあるが，不特定多数の人たちが利用し，目に見えない地下水を河川水のように公共水として全国一律に規制し，緻密な管理を行うことは困難を極める。そのため，西条市は住民が地域の実情に合った保全活動や条例による規制によって保全・管理する地下水を「地域公水」と位置づけ，関係者が一体となって守っていける体制の整備を図っている。西条市の挑戦は，水循環基本法の一歩先を行く実践例として注目すべき事例といえよう。

三つ目は，西条市の地下水保全の取り組みは，まちづくりそのものだからである。前述した西条市の地下水と環境，人，産業との関わりは「うちぬき文化」と称され，まちづくりの基盤となっている。実際，「うちぬき」は1985年に旧環境庁（当時）によって昭和の名水百選に選ばれ[9]，1995年には国土交通省によって「水の郷」に認定されるなど[10]，住民によって育まれてきた「うちぬき文化」は高く評価されている。西条市が古くから「うちぬき」に代表される地下水や湧水を生活や農業に利用し発展してきたことは，これまでに述べた通りである。また，西条の水にはそうした資源として利用する価値だけでなく，水系や景観，親水空間など環境としての価値や，文化的・歴史的な価値を有するアメニティとしての価値もある。しかし，その“当たり前”は，未来永劫続くのであろうか。水をめぐる様々な将来リスクにまちづくりとして取り組む西条

9）昭和の名水百選は，水がおいしいという飲用性ではなく，水質，水量，周辺環境，親水性などが良好であることに加えて，地域住民等による保全活動が行われていることが，選定の必須条件になっている。故事来歴や希少性，特異性なども加味され，都道府県や市町村から推薦された784の候補から選ばれたものである。

10）西条市が「水の郷」に認定されたのは，①「うちぬき」に代表される地下水が大変豊富で，市内の広範囲な地域で自噴している，②湧水を利用したアクトピア（親水都市）事業に代表される「水を活かしたまちづくり」が行われている，③「河川の清流を守る条例」や「観音水・新町川を美しくする会」などの団体が清掃活動を行うなど，市民・事業者・行政が一体となった河川の清流保全活動の取り組みがなされていることなどが評価されたからである（西条市水道課, 2001：15）。

市の実践例は，持続可能な地下水管理のあり方を検討する上で格好の素材を提供してくれる。

以上から，本書では水，とりわけ地下水という貴重な自然の恵みを通じて，そうした“当たり前”の価値を問い直し，その価値が今を生きる私たちの世代はもちろん将来世代にまで受け継がれていくにはどうすればよいのかを問いたい。

3 本書の概要

以上が本書を編集するにあたっての問題意識である。本節では，そのうえで各章が何を検討し，どのようなメッセージを発しようとしているのかを紹介したい。

●地下水と見えにくい水循環（1章）

地下水は，流域に降る雨や雪，土の中にある水，川や池など地表にある水だけでなく，人も含め水を利用するすべての生物とも水循環を通してつながっている。1章「水循環と地下水資源開発の歴史」（中野孝教）では，流域の水のつながりという視点で水循環の仕組みを概説したうえで，古来，私たちがどのように地下水を利用してきたのかを検討している。

西条市は，江戸時代から「うちぬき」に代表される地下水と河川やため池の水を生活や農業に取り入れ，五穀豊穣を願う西条祭りを継承しながら「うちぬき文化」を育んできた。戦後はこれらの水を工業にもうまく利用し，「四国の水の都」として発展している。現在では，かんがい期の大幅な地下水位低下や一部地域での水質悪化が顕在化しているが，それらの原因についてもこれまでの研究によってかなりの程度明らかになってきた。本章で紹介される地下水資源開発の歴史から，西条市が培ってきた水循環の知恵と新しい研究遺産の融合こそが健全な水循環の育成につながることが示唆される。

●地下水はどれくらいあるのか（2章）

河川を流れる水やダムに貯水された「見える水」は，どの方向にどれくらいの量で流れているのか，どれくらいの量が存在するのかを直接測ることができる。ところが地下水のような「見えない水」の場合，同じことを直接知ることは極めて難しい。2章「「見えない水」を「見える化」する」（高瀬恵次）では，西条平野の水循環を水収支モデルで表現することによって，目で見ることが困難な地下水の流れと水量を推計している。

西条平野の地下水の多くは四国の霊峰石鎚山を源とする加茂川からの伏流水によって供給され，様々な用途に利用されている。高瀬は，地下水の見える化によって，西条平野の地下水保全のための具体的な指標を明示し，同時に地下水が平野部に降る雨だけではなく上流域からの流入水や海への地表流出・地下水流出，さらには地下水の利用と深く関わっていることを定量的に明らかにしている。地下水の管理・保全のためには，地下水の流れの実態を何らかの方法で明らかにすることがいかに大切であるか，あらためて認識できる章である。

●森と農を守って水を守る（3章）

森林や農地には水源涵養や国土保全など様々な公益的機能がある。3章「森林と農地の管理を通して地下水を守る」（大田伊久雄）では，水問題を考える上で重要となる森林と農地の果たす役割について解説している。

西条市が地下水に恵まれているのは，西日本一高い石鎚山系の恩恵で降水量が多く，山を覆う豊かな森林のお陰でその水が保たれるという好条件が揃った結果である。ところが大田によれば，西条市では水資源に恵まれているがゆえか，愛媛県内の他地域と比べて適切な管理がなされていない人工林が多く，施業の集約化による木材生産活動も軌道に乗っているとは言い難いという。これでは下流での地下水利用を適切に管理できたとしても，山からの地下水供給が十分でなくなり，すべてが水泡に帰してしまう。そのため，これまでのように，単に林業補助金を出して間伐を促進するというだけではなく，将来にわたって豊富な地下水が確保できるように継続的に森林に手を入れ，より良い森林土壌作りを推進するような施策が必要であると著者は提言している。

●地域公水の提唱（4章）

地下水の適切な利用と保全を具体的に考えていくと直面するのが，「地下水は誰のものか」という問いである。4章「地域公水論と地域地下水利用秩序」

（小川竹一）では，住民の共有財産である地下水に関して，自治体がどのような権原と責務を負うのかを論じている。

地下水の法的性質については，これまで土地所有者に権利があるとする「私水」論と，行政の管理権の下にあるとする「公水」論とが理論的に対立してきた。行政実務では長らく「私水説」の立場が取られてきたが，条例の中には地下水を「公共の水」や「共有財産」などと規定し，地下水資源の自治体管理にふさわしい法的性格を宣言しようとする動きが見られるようになってきている。小川は，自治体が住民から地下水の恩恵を活かす責務を受託することによって，地域の合意をもとに一定の規制権原を備えた地下水管理を行えるとし，その法的性質を「地域公水」として捉えている。そのうえで，この「地域公水」概念を地下水保全管理計画の中核に据えている西条市では，地域で伝来してきた地下水ルールをもとに「地下水利用秩序」の形成を進めるべきであると提言している。

●財政制約下での持続可能な地下水管理（5章）

西条市の地下水は近年，沿岸部の塩水化が進行するなど，様々な将来リスクを抱えており，健全な水循環を保全する総合的な施策が必要になっている。他方，西条市は合併算定替えの終了で財政制約は今後より一層厳しくなることが見込まれる。5章「地下水の将来リスクと財政の持続可能性」（川勝健志）では，西条市の地下水が直面している問題の解決や将来リスクに備えて，今後どのような施策が新たに必要になるのかを確認したうえで，市が合併後にどのような財政運営を行ってきたのか，また今後いかなる財政リスクを抱えているのかを検証している。

西条市では合併後の相次ぐ大規模事業で市債残高が増加傾向にあり，しかもその償還はこれから本格化することから，今後は公債費の大幅な増加が見込まれている。また，扶助費や繰出金など経常経費も増加しているが，それらの削減は難しく，高齢化の進展等でむしろ今後も増加が見込まれている。そのうえ，人口の急速な減少が予測されている西条市では，市税や普通交付税の増加は長期的にも見込める状況にない。そのため川勝は，地下水を持続的に維持管理していくためには，「水の都・西条」にふさわしいまちの将来ビジョンと整合的な行革に取り組むとともに，「地域公水」の理念に基づいた“分かち合いの”財源確保策が必要であると指摘している。

●地下水ガバナンスの構築（6章）

地下水は水循環の重要な一部でありながら，これまで十分な管理体制が構築されておらず，2014年の水循環基本法の成立を機にそのあり方が各地で模索されている。6章「公共部門と民間部門による協働型地下水保全——西条市地下水利用対策協議会を例に」（遠藤崇浩）では，地下水管理について公共部門（地方自治体など）と民間部門（地下水利用者など）の協働を実現してきた地下水利用対策協議会に着目し，西条市の事例を中心にその設立の経緯，制度設計，機能について検討している。

遠藤によれば，同協議会の方式は，公民一体で地下水保全に取り組む点に大きな特徴があり，これは水循環基本法でいう地下水協議会の重要なモデルになり得るという。しかし，地下水利用対策協議会が形成された背景には，工業用水の過剰採取の問題があったため，協議会への参加は主に工業部門に限定されている。そのため，今後は土地改良区など農業部門を含む他部門からの参加を促す必要があると著者は指摘している。本章で示された教訓は，水循環基本法及び水循環基本計画を基軸とする地下水ガバナンスを構築するにあたって，検討すべき重要な課題を提起しているといえよう。

●地下水利用の地域性と住民意識（7章）

地下水ガバナンスの構築に向けて，水利用者の意識や利害関心は，水循環政策に関する合意形成や施策実施の場面で重要な役割を果たす。7章「豊富な地下水と住民意識——育水思考の醸成」（増原直樹）では，水循環や地下水に関する住民の意識や関心を把握するために西条市で住民アンケートを行い，その結果を考察している。

流域における総合的かつ一体的な管理を実現するためには，地方自治体，国の関係部局，専門家に加え，上流の森林から下流の沿岸域までの流域全体で水循環にかかわる利害関係者との調整が不可欠になる。言い換えれば，西条市のように加茂川や中山川といった河川の流域が西条市内で完結していれば，複数の市町村にまたがる利害調整は不要なはずである。ところが増原は，アンケート調査の結果から，住民の水の使い方や水への意識は地域ごとにかなり異なることを明らかにしている。現在の西条市は2004年11月に2市2町が合併して誕生した区域であり，歴史的にみれば行政区域は合併前の旧市町であった期間の方が長いことも影響しているのであろう。そのため，西条市が地下水保全施策として進める「育水思考」を醸成するには，地下水の利用が多い地区や地下水汚染が観測される地区など，各地区の特性に応じた取組みやそこで暮らす人々の考え方の特性にも配慮した対策が必要であると増原は提言している。

●持続可能な地下水管理に向けて（終章）

本書を締めくくる終章「持続可能な地下水管理へ――地下水保全協議会の可能性」（川勝健志）では，各章で主に西条市をモデルに検証した結果を踏まえて，地下水保全協議会の可能性について検討している。

結論として述べているのは，西条の水を将来にわたって守り育てていく主役は行政だけでなく，住民であるという点である。たしかに地下水の管理者として一定の権限と責任をもつ行政の役割や科学的な知見を提供してくれる専門家の意見は重要である。しかし住民にとって，西条の水は単に利用できれば良いというものではなく，将来にわたって市のシンボルである「うちぬき」を守るとともに，「おいしい水」と評されている水質を維持することが重要なのではないか。だとすれば，それを実現していく過程で水がどのように守られ，活用されることが住民の幸せにつながるのかは，住民が集まり検討する中で初めて具体化される。そうした「話し合いの場」として市に設けられることになったのが，地下水保全協議会である。その最初のミッションとなった愛媛県による「西条と松山の水問題に対する6つの提案」に対する回答の骨子を住民主体で提示した意義を一定評価したうえで，協議会の今後の成否を握るのは，住民の声をどれだけ幅広く集め，「地域公水」の理念をいかに実質化できるかにあると著者は指摘している。

●元職員による私史（コラム）

西条市はなぜ水質汚染，枯渇，地盤沈下という地下水の三大危機を経験することがなかったのか。元職員としての経験からその要因について述べたうえで，持続可能な地下水管理には，専門的知識を有する職員を確保するとともに，市民をはじめとする多様な主体との協働が不可欠であることを提起している。

引用・参考文献

OECD (2012). *OECD Environmental Outlook to 2050.*

WaterAid (2021).「流れを変える　世界の水の現状 2021 年」〈https://www.wateraid.org/jp/sites/g/files/jkxoof266/files/2021-03/WWD_Report_2021_A4_24pp_FINAL_EMBARGOED%20MARCH%2018_JP.pdf〉(2022 年 2 月 9 日確認)

沖　大幹 (2016).『水の未来―グローバルリスクと日本』岩波書店

沖　大幹 (2012).『水危機―ほんとうの話』新潮社

西条市 (2017).『西条市地下水保全管理計画』〈https://www.city.saijo.ehime.jp/uploaded/attachment/25984.pdf〉(2022 年 2 月 5 日確認)

西条市観光物産協会「西条水めぐりマップ（歩きコース）」〈https://www.city.saijo.ehime.jp/site/mizunorekishikan/lineup6-1-1.html〉(2022 年 4 月 21 日確認)

西条市経営戦略部シティプロモーション推進課広報係［編］(2018).『Saijo―広報さいじょう』, **168**(2018 年 11 月号).

西条市水道課 (2001).『自然の宝…うちぬきと共に』

柴崎達雄 (1976).『略奪された水資源―地下水利用の功罪』築地書館

嶋田　純・上野眞也［編］(2016).『持続可能な地下水利用に向けた挑戦―地下水先進地域熊本からの発信』成文堂

総合地球環境学研究所［編］(2009).『水と人の未来可能性―しのびよる水危機』昭和堂

宝島社 (2022).『田舎暮らしの本』(2022 年 2 月号).

千葉知世 (2019).『日本の地下水政策―地下水ガバナンスの実現に向けて』京都大学学術出版会

鳥越皓之 (2012).『水と日本人』岩波書店

日本地下水学会・井田徹治 (2009).『見えない巨大水脈 地下水の科学―使えばすぐには戻らない「意外な希少資源」』講談社

宮崎　淳 (2011).『水資源の保全と利用の法理―水法の基礎理論』成文堂

望戸昌観 (2019).「世界の水の現状・課題―持続可能な開発目標 (SDGs) と私たち」『地理・地図資料』, 2019 年度 1 学期号〈https://www.teikokushoin.co.jp/journals/geography/pdf/201901g/04_hsggbl_2019_01_p08_p11.pdf〉(2022 年 2 月 5 日確認)

守田　優 (2012).『地下水は語る―見えない資源の危機』岩波書店

1章 水循環と地下水資源開発の歴史

中野孝教

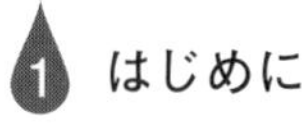

はじめに

水は地球上を絶えず循環しており，地下水は河川や湖沼などの地表にある水だけでなく雲や雨，海水ともつながっている。この水循環の過程で，人間が利用する地下水や地表水などの淡水には，量と質の両面で大きな地域性が生まれる。人間は古来より，水循環という自然の仕組みを利用し，各地の淡水を上水や用水として生活や産業に取り入れ，下水や排水として自然に戻すことで，その恩恵を受けてきた。その中で開発の対象となった地下水は，水資源の需要や社会の変化，技術の進歩などが相互に関係しながら，対象も利用形態も変化している。地下水は流速が遅く，地表や地下の環境が変化すればその影響を強く受け，再生しないこともある。貴重な淡水資源の一つである地下水は，豊かな社会を生み出す原動力になる一方で，深刻な災害や障害，健康被害も引き起こしてきた。

本章では，西条市の地下水を持続的に利用し健全な水循環を育成する上で基本となる，水資源や水循環の実態，地域性の概略を説明し，地下水開発の歴史を用排水や上下水という人間社会内部の水循環と関係づけて紹介する。

水循環のしくみと西条の地下水

●水循環とは何か

地球上の水の特徴の一つは，気体（水蒸気）や固体（雪，氷）だけでなく大量の液体として存在することである（阿部, 2015：238)。存在形態が異なるこれらの水は，水循環としてつながっている（図 1-1)。水循環の出発点は海で，海水が蒸発して生じた水蒸気は上空で冷やされて雲となり，さらに雨や雪になる。地上では降水の一部は蒸発して大気に戻るが，その他の水は地表から地下に浸透していく（日本地下水学会・井田, 2009：267)。

地面の下は一般に土壌，その下は堆積物などの岩石である。土壌水は，土壌を作っている鉱物や有機物の隙間に存在する。その一部は植物の根を通して吸収され，光合成によって植物体に固定され，蒸散によって大気に戻る。雨が降り雪解けも進むと，土壌水は土壌の隙間を地下に向かって浸透（降下浸透水とい

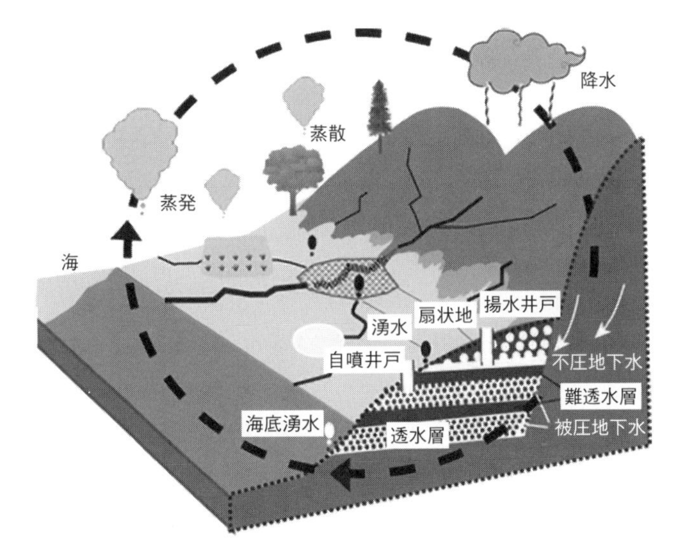

図 1-1　水循環を構成する水と地下水流動（黒点線部内）

う）し，地下水面に達して地下水になる。山地や台地の地下水は，谷のような地形の低いところで湧水となって現れ，ほかの谷からの水と合流しながら河川となり，標高の低い平野や盆地に向かって流れていく。山地から平野にかかる地域では，河川水の一部は扇状地の地下に伏流し，さらに下流に向かって流れ，最終的には地下水とともに海に流入する。地球全体の水の総量は変わらないけれども，海水や雲，河川水のように目に見える水と，水蒸気や地下水のように目に見えない水はつながっており，この地球規模の水循環の中で地域によって特徴のある地下水が生まれる。

降水が河川水や地下水となって集まる範囲のことを流域という。各流域の水は地球上の水循環の一部を構成しているが，水管理という面では，流域を一つの単位にして水循環を捉えていくことが現実的である。流域の水循環の実態を明らかにするには，地下水が生まれる涵養域から流動域，流出域に至る情報がたいへん重要になるが，その姿は地域によって異なる。

●西条市の地下水と水循環

西条市の地形は，急峻な石鎚山塊を主とする南部の山地と瀬戸内海に面す

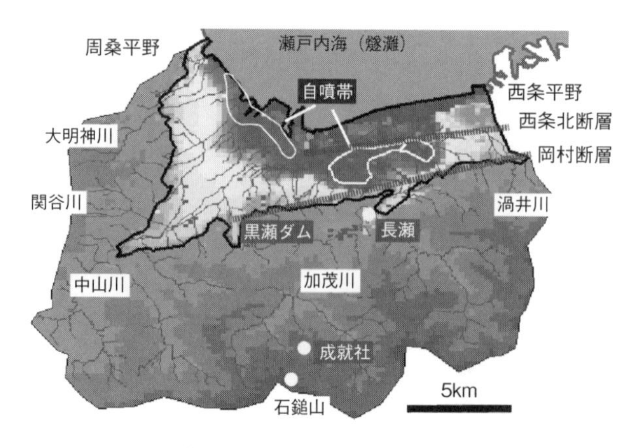

図 1-2　西条市の地形，水系，自噴帯．薄色は扇状地

る北部の道前平野に大きく分けられる（図 1-2)。この山地と平野の面積の割合（70% と 30%）は日本の平均とほぼ同じである。平野は人口が集中し，産業活動も活発であるが，そこで利用される水は主に山地の河川からもたらされる。流域全体の水管理には，様々な利害関係者の合意，行政間での調整を必要とするが，流域の範囲は一般に行政区と一致しない。たとえば地下水保全が盛んな熊本市の場合，流域に 13 市町村があり，日本最大の河川である利根川流域では四県 40 市町村にもなる。ところが西条市はすべての水系が市の行政区域に入っている。山から海に至る流域において，地下水と地表水が一体となった水管理のあり方を考える上で，西条市は日本のモデル地域といえるだろう。

道前平野には 2,000 本ともいわれる井戸があり，河川水とともに大量の地下水が生活や農業を主とする産業に利用されている。道前平野は東部の西条平野と西部の周桑平野に分けられ，両平野の間にシルト層や粘土層が厚く堆積している。この細粒で不透水層の役割を果たす地層が南北に分布しているので，両平野の地下水の東西方向の交流はない。言い換えれば，両平野は互いに独立した流域を構成しているとみなすことができる。行政区が同じであっても，地下水と地表水が一体となった水循環を考える場合には，各平野は独立した流域として扱う必要がある。

温暖で降水量が少ない瀬戸内気候区に属しているにもかかわらず，西条市で地下水が豊富な理由の一つは，山地の降水量が多いからである。標高 1,280m

にある成就社の年平均降水量（2,700mm）は平野の2倍近くもある。降水量に加えて面積も広い山地域が平野の地下水の主要な水源になっている。降水量は様々な時間スケールで大きく変化する。梅雨や台風に伴う大量の雨は水害を引き起こす一方で，渇水が続くと地下水利用に支障をきたす。健全な水循環の実現には，山地の降水量や森林保全に目を向ける必要があるが，両平野では地下水の流れや河川との関係だけでなく，水利用にも大きな違いが見られる（西条市, 2017）。

周桑平野の中山川や関谷川，最西部の大明神川は扇状地が良く発達しており[1)]，扇端から伏流した地下水がほぼ河川に沿って流れている（中野ら, 2015）。西条平野でも最東部の渦井川では発達した扇状地が見られるが，流域面積が一番広く流量ももっとも多いにもかかわらず，加茂川の扇状地は小さくあまり発達していない。これは，西条平野には東西に走る二つの断層（北部の西条北断層と南部の岡村断層）があり（Ikeda et al., 2009），その間が地震のたびに陥没するためである。西条北断層に沿って，標高2.5mほどの小さな高まりが東西に分布している（中野, 2010：図6）。この地形的な高まりも地震によると考えられ，その南側が陥没している。つまり加茂川では，山地からたくさんの土砂が運ばれてきても，平野に入るところの地盤が陥没し続けているので大きな扇状地にならないのである。地下水は陥没部を構成する砂を主とする堆積物の間隙に存在しているが，陥没部は数百mにも達しており（Ikeda et al., 2009），巨大な地下水プールになっている。

全国でも珍しい自噴帯は，周桑平野では沿岸地域に分布するのに対して，西条平野では平野中央を東西に走る西条北断層の南側に見られる。この断層南部の陥没地域の地下水プールには不透水層があり，その下にある被圧地下水（水圧が大気圧より高い）が海に向かって流れている。この地下水の流れを断層がブロックする役割を果たすので，地下水圧がさらに高まり，西条北断層の南側で自噴する。西条平野の地下水の80%は加茂川からもたらされるが，この被圧地下水が生活や農業に利用されており，このため市の中心地域には上水道が敷設されていない。これに対して周桑平野では，地下水に比べて河川水をより多く

1）透水性が良いため果樹や野菜などを中心とする畑地農業が盛んである。

取水しており，地下水の多くも大気とつながっている不圧地下水である。地下水の涵養域や流動域は両平野で大きく異なるが，土地利用や水利用に違いが見られ，水質成分にも地域性が表れている（中野, 2010）。地下水の恩恵を持続して受けるためには，土地利用や地形などの地表環境だけでなく，地下の構造の違いにも目を向ける必要がある。

このように西条市では，流域の水循環を理解する上で基盤となる情報が蓄積されてきた。地下水の流速も，浅層の不圧地下水については1日に10mほどもあり，非常に速いことがわかってきた（中野ら, 2015）。しかし未知の点も数多く残されており，その一つが西条平野の自噴水の年代である。地下水年代法の一つに，トリチウム（^{3}H）とその放射壊変によって生じたヘリウム（^{3}He）の濃度を利用する方法がある（馬原, 2009）。ところが西条平野の自噴水には，マントルという地下数10㎞にある物質から上昇してきたヘリウムがガスとして溶けており，このため正確な地下水年代を求められない（Mahara et al., 2014）。西条市のシンボルである「うちぬき（自噴水）」は，降水量だけでなく地震のような自然災害とも無縁ではない上に，巨大な地下水プールといっても年代や流速がわかっていない。被圧地下水の流速は浅層地下水よりはるかに遅いため，利用可能な水量は限られており，過剰な開発が進めば被害が深刻化する可能性が高い。社会や自然環境は常に変化しており西条市も例外ではない。次節では，地下水が社会の変化や地表水とどのように関わってきたのか，その歴史について紹介しよう。

 地下水開発の歴史

●縄文時代から弥生時代——湧水から不圧地下水

人間は古くから地下水を利用しており，シリアの遺跡で発見された9000年前の井戸がもっとも古い井戸といわれている。ドイツや中国の遺跡からも6000～7000年前の木製の井戸が発見されており，下水道もメソポタミア文明の時代（約7000年前）の遺跡で知られている（宇都宮市上下水道局, 2017：678）。日本では，このような縄文時代（15000～2300年前）に相当する時期の井戸や下水道は知られていないが，山麓部や河川沿いの湧水周辺には多くの縄文遺跡が知

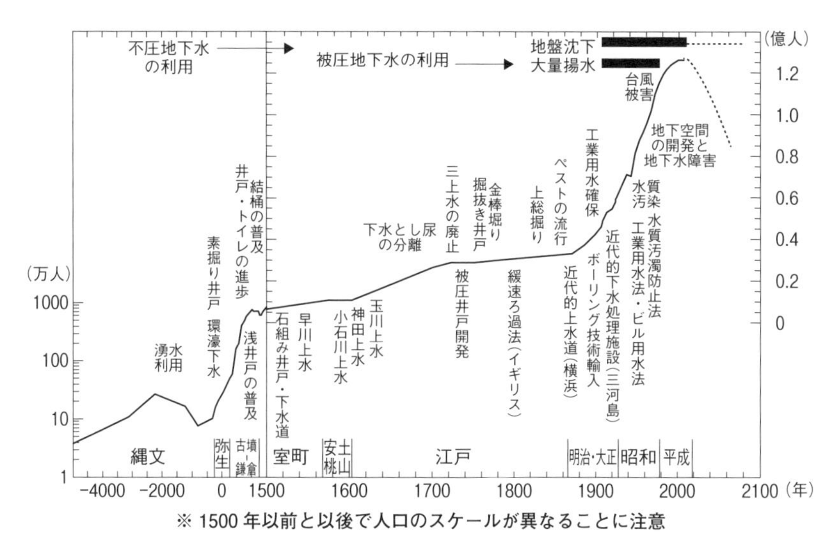

図 1-3　日本の人口変化と地下水の開発，利用，問題の歴史（人口データは鬼頭（1996），Biraben（2006），総務省統計局（2018：38–41），国立人口保障・人口問題研究所（2017：58）より筆者作成）

られている（図 1-3）。八ヶ岳の裾野にある縄文時代中期（6000〜3000 年前）の井戸尻遺跡群では，山麓の湧水周辺に多くの集落があり，雑穀栽培を主とする農耕が始まっていたといわれている。

縄文時代後期に大陸から伝わってきた稲作技術は，弥生時代（2300 年前〜3 世紀中頃）になると列島全体に普及していく。水田稲作を中心に定住化が進み集団が大きくなると，安定した水の確保が必要になる。福岡県では 50 の遺跡から 700 もの井戸が発見されている。井戸の多くは深さが 1〜2m 程度であり，地面を円形に掘っただけの井戸枠のない素掘りの竪穴式井戸であるが，なかには深さ 5m の井戸も発見されている。奈良の唐古遺跡では，丸太をくりぬいた井戸や，土砂が崩れないように井戸の周り（井戸側という）に丸太を円形に打ち込んだ井戸も発見されている。水利用が増えれば，生活排水やし尿の処理も必要になる。弥生時代後期の静岡の登呂遺跡では，杉の割板を組合せた井戸側をもつ長方形の井戸も出現しているが，集落の周囲には環濠が掘られている。軍事的な防御だけでなく下水道の役割も果たしていたようである。木製スコップや金属製刃先などが出土することから，これらを使って井戸や環濠を掘ったと考えられている。

弥生時代後期から古墳時代になると，井戸の下層から完全な形で土器が出土することがある。土器は祭祀の供え物として使われていたようで，人々は古くから，地下水の恩恵に感謝していたのであろう（図1-3）。

●古墳時代から安土桃山時代——不圧地下水の開発と利用

古墳時代や飛鳥時代の井戸の多くも素掘り井戸であるが，集落やその周辺にあることから，共同水道のような形で利用されていたようだ。飛鳥時代や奈良時代になり，国としての形が整備され，数万もの人々が生活する藤原京や平城京などの都市が生まれると，大量の生活用水が必要になる。地下水は貴重な水源になり，多くの人が暮らす寺院や貴族の邸宅では大陸の技術を利用した井戸が作られた。土砂が崩れないように木材を利用した井戸側や，汚水や汚物が流れ込まないよう井戸枠を設けた井戸が出現しており，円形だけでなく方形の井戸も多く見られる。水が濁らないように井戸の底に小石や木炭を敷きつめた井戸や，薄い板を曲げて水溜めとした井戸なども見られる。汚水処理も進歩し，古墳時代にはトイレが，さらに飛鳥時代の藤原京では水洗トイレや汲み取り式トイレなども発見されている。奈良時代の平城京では，長い木製の管をつなげた下水道が作られていた。

平安時代には共同井戸が各地に普及し，地下水は庶民に広く利用されていたようだ。この時代の絵巻物には，縄をつけた釣瓶（つるべ）や柄杓（ひしゃく）で水を汲む様子や，井戸水で洗濯する姿などが描かれている。飛鳥時代から見られる汲み取り式トイレは人糞の肥料化を促したと考えられているが，重いし尿を人々が運ぶのに適した丈夫な道具はなかった。井戸水のくみ上げや運搬には，ヒノキや杉などを薄く削った板を円形に曲げ，合せ目を樺や桜の皮などで綴じて作る曲物桶（まげものおけ）が利用されていた。

鎌倉時代末期になると，短冊状の板を竹などで締めた結物が現れる。結桶や結樽は頑丈で密閉性に優れており，酒や醤油などの製造業だけでなく，人糞尿（液肥）や粉の運搬など様々な用途に利用されるようになる。再生も可能なことから手桶や水桶，風呂桶のように日々の水利用にも欠かせない道具として広く普及した。石を重ねた石組み井戸は平安時代後期から多くなるが，井戸側に結桶を用いた井戸も現れ，室町時代にかけて普及していく。室町時代から安土桃山時代では石組み井戸が中心になり，石垣の下水道も現れている。

●江戸時代――上下水道の整備と被圧地下水の開発

城下町ができ都市化が進むと，飲用水の確保が以前にも増して重要な問題になり，上水道が整備されるようになる。日本最初の上水道は16世紀中頃に築造された神奈川県の小田原城下の早川上水で，早川の水を木樋で配水し，炭や砂でろ過して使用されていた。江戸時代になると新田開発が進み，人口も増加し，江戸や大阪だけでなく地方の城下町も発展する。特に江戸は，沿岸の江戸城を中心に周囲の台地を削り，入り江を埋め立てながら発展した。周辺の不圧地下水は海水が入るため飲用に適さないが，荒川と多摩川に挟まれた西部の武蔵野台地には，湧水を水源とする河川が流れている。徳川家康は江戸に入る前の1590年，本郷台を水源とする河川水（後の神田川）を利用して小石川上水を作るが，それだけでは足りなくなる。武蔵野台地周辺には多くの湧水池が見られる。その一つである井の頭池の湧水を主な水源とし，途中で他の湧水と一緒になったのが神田上水で，後に小石川上水もその一部となった（堀越，1981：275）。

神田上水は江戸初期から利用されるが，江戸の繁栄とともに全国から人が集まり人口がさらに多くなると，水需要に対応できなくなる。このため幕府は，多摩地域の羽村に取水堰を設け，江戸市中に多摩川の水を供給する計画を立てる。これが玉川上水で，羽村から四谷までの高度差92m，総延長43㎞に及ぶ用水路が，7ヶ月の工事で1653年に完成する。玉川上水はその後，三田上水，青山上水，千川上水に分水されるが，これら上水から離れた現在の江東区とその周辺地域では，荒川から取水した本所上水が作られた。これら上水道の利用者は人口の6割に達し，江戸の水資源問題は大きく改善される。一方雨水や生活排水は上水道と分離し，木桶や竹桶を通して下水道に流し，ごみを取り除いた後に河川に流していた。し尿は下水と区別して処理され，貴重な肥料として資源化されていた。下掃除人と呼ばれる業者が野菜や金銭と交換しながら，周辺の農村地域にし尿を運び，都市と農村の間でリサイクルしていた。こうした水と物質が循環している江戸時代の仕組みは，現在でも見習う点が多いといえそうである。

江戸時代には，瓦を円形に組んだ井戸側が普及するが，井戸堀技術も進歩し，被圧地下水を利用できるようになった。東京をはじめ大都市が多い海岸平野の地下は，河川や沿岸流によって運ばれた土砂が堆積した地層でできている。一番新しい地層は最終氷期が終わった12700年以降（完新世）の地層である。縄文時代以後に堆積した沖積層と呼ばれていた地層で，未固結な砂や泥で構成されている。東京ではこの地層を有楽町層という。有楽町層は，富士山などの噴火による火山灰が堆積したローム層で覆われ，その下位には更新世の東京層群や上総層群が存在している。有楽町層の厚さは，山の手地域では10m以下だが，沿岸地域では30m前後で，荒川沿いでは70mにも達している。有楽町層上部の砂礫層の地下水は不圧であるが，東京層群や上総層群の地下水は被圧である。

江戸時代中期までの堀り井戸工法には限界があり，人間が井戸の中に入って掘ることができる深さは20m程度であった。しかし18世紀前期の享保年間（1716～1736年）に入ると，太く長い竹の節をくりぬき，それを粘土層の下の砂礫層まで突き刺した後に抜き取ると，水質の良い地下水を得られるということがわかる。この突き掘り工法は江戸の町で評判になるが，経費がかかるのが難点であった。18世紀後期の天明年間（1781～1789年）になると，先端に鑿をつけた7mほどの鉄棒を地下に打ち込むことで，井戸を掘る技術（金棒掘り）が大阪から伝わる。鉄棒を数本重ねて打ち込むことで，それまで困難だった東京層群の被圧帯水層まで，簡単かつ安価に掘り抜くことができるようになった。

ところで江戸時代中期には，江戸は既に人口100万人を超える世界最大の都市になっていた。江戸の上水は取水後，高度差を利用した自然落下で江戸市中に配水されており，木桶や石造りの水路の総延長は150kmにも達していた。腐食しやすい木桶の修理や濁水が発生した場合の対応など，上水の送水や水質の維持管理には多くの労力がかかり，その経費は水銀（水道料金）を徴取して行われていた。江戸幕府は当時の財政難を解消するため，天領だった武蔵野台地の新田開発を奨励し，玉川上水は農業用水・生活用水として分水されるようになった。ところが，1722年に江戸の一部で上水の供給が廃止される。これは，上水の機能が悪化したことも一因ではあるが，将来の水需要増加を抑制するためであったといわれている。現在でも，水道のインフラ整備や水道事業のスリム化は大きな懸案事項になっているが，同様の問題は300年前の江戸の上水事業にも見出すことができる。

上水の一部廃止に伴う代替資源として，江戸の堀抜き井戸が急速に普及する。上水は武士に優先的に分水されていたため，庶民はその余り水を井戸（上水井戸という）に集めて利用していた。しかし金棒掘りという突き掘り工法により，庶民でも良質な被圧地下水を利用できるようになると，武家でも戸別に掘抜き井戸を作るようになる。その結果，上水の水道料金の支払いを拒否する武家も現れた。新たな水資源が必要となり，それまで不可能だった被圧地下水の開発が技術的にも経済的にも可能になったことが，現在と同じ公水（地表水）・私水（地下水）問題を発生させたということができる。

●明治 - 大正期――上下水道の改良と被圧地下水の工業利用

江戸時代末期に，上総掘りという日本独自の突き掘り工法が開発される。千葉県中西部（上総地域）の小櫃川や小糸川の下流域は，耕地が川の水面より高いところにあるため，河川水を利用しにくく干害を受けやすい地域である。しかも帯水層が100mより深いので，深井戸を掘る技術は農民をはじめ人々の切実な問題であった。竹は柔軟で弾力性に富み，軽くて折れにくく加工も簡単である。上総掘りは，この竹の機能を活かし，金棒堀りと組み合わせた工法である。何度も改良が加えられ，技術的に完成したのは1850年頃だが，軟弱な地盤が多い平野では人力で500m以上も深く掘れる上，材料となる孟宗竹も各地にある。このため明治にかけて日本全国に広まり，灌漑用水や飲用水の確保だけでなく石油や温泉の試掘など様々な分野に広く利用された。西条市の被圧地下水は数10m程度と浅いため，金棒堀りで多くの井戸が掘られたが，井戸掘り技術をもつ職人が多く，各地の井戸掘りにその技術を生かしたようである。

明治末期になると，機械を用いて動力で掘削する回転式掘削法がアメリカから導入される。この工法は口径が広いので，それまでに比べて大量の地下水を取水できる。金棒堀りや上総掘りのように，地上から衝撃を与えて掘る突き掘り工法も機械化が進む。ポンプと組み合わせ地下水を自動で揚水できるようになったが，地表水を基本とし地下水は補助水源という水資源の利用形態は昭和に入るまで変わらなかった。その理由の一つは，井戸水は水質管理が難しいということである。

井戸はその中にいろいろなものが落ちやすい構造物である。動物などが落ちて死骸になったり，下水や汚水が入ると，井戸水は利用できない。特に地表での人間活動の影響を受けやすい共同井戸や浅層の井戸は汚染を受けやすく，病原菌による汚染は死活問題に直結する。しかし目に見えない水質汚染を防ぐのは現在でも難しい問題である。

江戸末期の1858年から明治にかけてコレラが数年おきに流行し，10万人以上もの死者が出た。これが契機になって，1808年にイギリスで開発された緩速ろ過法が日本にも導入される。これは砂を敷き詰めた沈殿池に水を入れ，微生物の力を借りて有害物質を除去する方法である。ろ過した水を鉄管で送水する水道設備が1887年に横浜で完成した。この近代的な上水道は，常時安定した水量を配水でき，伝染病などの水質汚染防止や防火にも優れているため，主要な港湾都市を中心に明治時代には28の主要都市で整備された。東京では1898年に整備され，これに伴い1906年に神田上水が廃止された。玉川上水も各配水場に送水され，処理されたのち水道水として利用されるようになった。下水道も陶管やレンガを用いた下水道が横浜で整備され，大正期（1922年）には，東京都の三河島に日本最初の下水処理施設が完成した。

一方井戸に対しては，江戸時代から「井戸替え」といって井戸の掃除を役人も含め町民総出で毎年7月7日に行われていた。「井戸替え」は明治になっても年に一度行われ，東京では共同井戸は当番を決めて維持管理や経費負担が行われていた。しかし，井戸さらいのたびに様々なものが見つかり，中には「おむつ」などもあった。政府などから，汚水排水施設の設置や井戸周辺での汚物処理の禁止などの注意がなされ，開閉してある井戸はフタをし，井戸周辺は排水しやすいようにコンクリート斜面にするなどの督促が出された。しかし個別の井戸への対処は井戸管理者にあるため，汚染を未然に防ぐのは難しい。こうした水質問題も，地下水開発の制限要因になっていた。

明治－大正期は富国強兵を目的とする殖産興業の時代で，新産業の育成による日本の産業革命が進んだ時代であった。景気が良くなり，人口も江戸時代までに比べてはるかに速い速度で増加した。太平洋戦争の時代を除けば，明治時代中頃から1980年頃までの人口増加率は1%を超えており，60年ほどで人口は倍増した（図1-3）。特に平野が広い沿岸域は，陸上・海上の交通の便に優れ，労働力，電力や化石エネルギー資源を確保しやすく，京浜，中京，阪神，北九州の4大工業地帯を中心に飛躍的な発展をとげる。その結果，生活用水に加えて新たに工業用水の確保が必要になったが，地表水の水利権は農業用水にある。このため，後発の工業用水の確保には水利権のない地下水に目が向けられるようになる。

●昭和初期——被圧地下水の大量揚水と地盤沈下

日露戦争以降は重化学工業が盛んになるが，東京では江東区や墨田区などの荒川下流域がその中心であった。しかしこの地域には有楽町層が厚く堆積しており，その下位の東京層群や上総層群の被圧帯水層が地下水開発の対象になった。機械を用いて大量の被圧地下水が揚水されるようになり，地下水位の低下とともに地盤が沈下するという事態が生じた。昭和（1926～1989年）に入る頃には，江東区では地下水位が10m，地盤が1mほど低下した（図1-4）。その結果，荒川下流では川面や海面より低い地域（東京低地）が現れ，浸水被害を頻繁に受けるようになった。

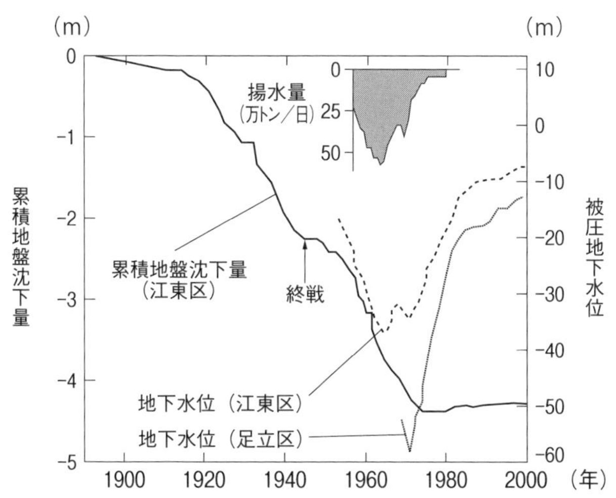

※揚水量の変化とともに地下水位も変化するが，過剰揚水に伴う難透水層の収縮で生じた地盤沈下は回復しない

図1-4　東京低地における被圧地下水の水位と揚水量および地盤沈下の経年変化
（守田（2012：201）より筆者作成）

地盤沈下の原因は，平野全体が沈降するような地質作用であると考える学者もいた。しかし地球物理学者の和達清夫は，同様の問題が発生していた大阪平野西部において，地下水位と地盤沈下速度の同時観測を行い，大量揚水によって地盤沈下したことを明らかにした。不圧地下水の場合，帯水層に流入する水量以上に揚水すると，それに応じて地下水面が低下する。地下水面のない被圧地下水の場合も，過剰揚水により地下水位が低下していくと，帯水層に地下水面が現れ，水面の低下とともに不圧地下水になっていく。帯水層やその上位の地層や土壌には圧力がかかっており，被圧地下水が不圧化すると，その上位にある難透水層（粘土層など）は圧密により間隙水が徐々に帯水層に放出され収縮する。その結果が地盤沈下となって現れるというものである。しかし被圧地下水の汲み上げは，空襲で東京が焼け野原になるまで続いた。皮肉なことに，工場が破壊され揚水できなくなった終戦前後の数年間は，地下水位が回復する一方で地盤沈下速度も低下した。このことも，地盤沈下の原因が大量揚水にあるという考えが正しいことを示している。

●戦後から現在――地下空間の開発と地下水障害

地盤沈下の原因が明らかになっても，戦後からその後の高度成長期（1955～1973年）は経済復興・産業発展が最優先事項であった。天然ガス採掘に伴う鹹水の大量取水も加わり，被圧地下水の開発はますます盛んになった。東京下町の地下水位は1.5m/年と戦前を上回る急激な速度で低下し，地盤も1.5cm/年もの速度で沈下した。一方この間に，ジェーン台風（1950年），伊勢湾台風（1959年），第二室戸台風（1961年）などの大型台風が日本を襲い，沿岸域では高潮の発生により多くの犠牲者がでた。被害の原因となった地下水の乱開発に，国からもようやく目が向けられるようになる（関・小山，1998，千葉，2018）。

工業用水法（1956年）が施行され，地下水障害が現れている10都府県17地域において，工業用水としての地下水取水に制限がかけられた。一方都市の建物では，水温が安定している地下水を冷暖房や水洗などに利用しており，これも地盤沈下の原因になっていた。地下水利用をさらに制限するため，都市化が進み地下水障害が深刻化している東京，埼玉，千葉，大阪の4都府県を対象に，ビル用水法（1961年）が施行された。この用水二法と呼ばれる法制度により，被圧地下水の汲み上げに総量規制がかけられ，揚水量が徐々に減少していった。その結果，東京低地の地盤沈下も 1970 年頃から収まるようになったが，地下水位は急激に回復し 10 年で 20m 以上も上昇した（図 1-4）。

日本は現在少子高齢化が進んでいるが，三大都市圏の人口は現在に至るまで増加し続けており，特に東京圏は人口集中が止まらない。人口稠密な大都市は空き地が少なく，20 世紀後半から地下鉄や地下道，地下街などの地下空間の開発が行われてきた。これら構造物全体の比重が水より小さい場合には，地下水による浮力を受けることになる。被圧地下水では，浮力はさらに強くなる。被圧帯水層を掘り抜いて作られた上野駅の新幹線や東京駅の地下鉄は地下 30m 前後にあるが，建設後に地下水位が 10m 以上も上昇し浮力を受けるようになった。構造物が浮き上がる事態が予想されたため浮力対策工事が行われ，現在でも水位上昇を抑えるため地下水をポンプで取水している。上野駅では不忍池，東京駅では長い導水管を設置し大井町の立会川に放流されている。障害となった地下水を環境用水として利用することで，人工的な水循環が生まれている。

このように地下水位が回復することで新たな問題が生じているが，深刻なのは，地盤沈下は回復していないことである（図 1-4）。これは上述したように，難透水層は間隙水が抜けいったん収縮すると元に戻らないからである。地盤沈下は都市域だけでなく，山形や新潟などでも起こっている（図 1-5）。水温が安定している地下水を，冬の消雪に使用するためである。関東では，地下水利用は北関東に広がり地盤が沈下した。被圧地下水による地盤沈下は一度起こると，鉱物エネルギー資源のように再生しない。地球温暖化により海水面は年々上昇しており，洪水や高潮による被害の拡大が懸念されている。この 1 世紀余りのボーリング技術の進歩により，被圧地下水という新たな地域資源の開発が可能になったが，その不圧化に伴う地盤沈下は，地球規模の環境変動の脅威にさらされる事態を発生させている。地下の開発には，地域の特性に応じた対応が必要なことがわかる。

一方で不圧地下水も，流れに横断するような形で地表を削ったり，トンネルなどの地下空間を作ったりすると大きな影響を受ける。東京では武蔵野台地を凹状に掘って武蔵野線を開設し，京都では地下鉄東西線を敷設した。いずれの

図 1-5　第四紀の地層の分布域（薄色）と地盤沈下地域（黒色）（環境省 水・大気環境局（2015：24）より筆者作成）

場合も不圧地下水の流れを遮ったため，流れの上流側では地下水位が上昇し浸水しやすくなり，下流側では地下水位が低下し湧水や湧水池の消失が起こるという問題が発生した。これに対して被圧地下水では，上下の不透水層に障害を与えないよう，帯水層内に限定したシールド工事を行えば，こうした地下水障害の影響は起こりにくい。地下空間の開発においては，被圧地下水に対しては不圧化しないこと，一方不圧地下水に対しては流れを遮断しないことが重要であり，地下水の性質や流動を踏まえた上で地下水資源の適正利用を図ることが大事といえる。

 地下水の水質問題

●水質成分と安全・安心

水の特徴は様々な物質を溶かす機能があることで，何も含まない H_2O だけ

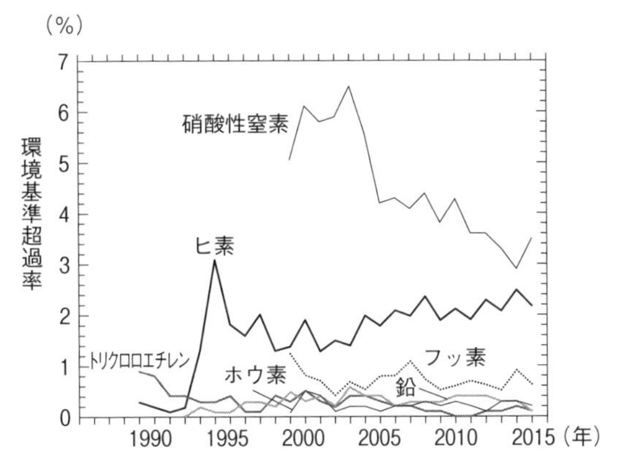

図1-6　全国の井戸水の水質汚染項目の経年変化（環境省 水・大気環境局（2017：94）より筆者作成）

の地下水や地表水は存在しない。水に溶けている成分の種類や量（濃度）のことを水質というが，水質は地域的，時間的，さらに水の存在形態によっても大きく異なる。水道水については，厚生労働省により51の水質基準項目が定められており，細菌や大腸菌のほか，鉱山や工場の排水などに由来するカドミウムや水銀，生活排水や農業肥料などに由来する硝酸性窒素，揮発性有機塩素化合物（トリクロロエチレン，テトラクロロエチレン）のような人工物など様々な項目が対象になっている。各項目について健康や生活に支障を生じない基準値が設けられており，水道水については常時分析が行われている。しかし地下水の場合，水質が安定しているとはいえ，多くの個人や事業者がこうした項目を常時検査するのは非常に困難である。

水質汚染については，水質保全法と工場排水規制法が1958年，さらに両法を統合する水質汚濁法が1970年に制定されたが，地下水の水質汚染の実態が国レベルで明らかになったのは1982年度に環境省が実施した調査による。その結果，硝酸性窒素については調べた井戸の10%が基準値を超え，揮発性有機塩素化合物類も同様に汚染が広がっている（2～5%）ことが明らかになった。環境省では1989年から全国規模で，水質基準項目の多くについて井戸水の水質調査を行ってきている（図1-6）。硝酸性窒素については減少傾向が見られるものの，鉛やホウ素，フッ素などの成分は横ばい状態であり，ヒ素はむしろ増加している。

水質基準項目の他にも，26の水質管理目標設定項目，60もの農薬類，また47の毒性評価が定まらない要検討項目もある。それらの多くは微量であり，その分析や検出には高度な機器や分析法を必要とする。一方化学の進歩とともに，膨大な数の化合物が合成されてきた。市場に広く出回っている化学物質は数万以上といわれ，しかも毎年たくさんの化学物質が新たに合成されている。地表水や地下水に含まれている水質成分のすべてを分析することは不可能であり，鉛のように基準値が変わることもある。安全・安心な地下水の確保には，汚染が起こらないように，あるいは汚染が起こっても適切な対策を講じられるようにしておくことが重要といえる。そのためには，有害物質に限定せず，水質成分の発生源や水みちを明らかにしておくことが有効といえるだろう。

●地下水汚染と水みち

地下水の水質成分が生まれる地域は，涵養域や流動域である。不圧地下水は地表からの汚染を受けやすく，西条市の不圧地下水でも，西条平野では廃止鉱山からのアンチモン汚染，周桑平野では施肥による硝酸性窒素汚染が見られている。不圧地下水と異なり，被圧地下水は難透水層で遮蔽されているので，流動域では地表からの汚染物質は通常流入しない。井戸はコンクリートや鉄管の周囲に砂を入れて井戸側を補強するが，井戸側の砂は透水性が高いので，被圧帯水層を取水する井戸では，地表からの汚染物質の通路となりえる。1982年に東京三鷹市の深井戸で見つかった揮発性有機塩素化合物は，井戸が水みちになった汚染であった。西条市でも使用されていない井戸が多く，井戸が汚染通路になりうることを十分理解しておく必要があるだろう。

地下水の汚染物質は人間活動に限られるわけではなく，その発生源も地上ではなく地下環境にある例も多く見られる。地下水に溶けている酸素が微生物活動により失われ還元的になると，水質が変化し有害な微量元素が増加することがある。バングラデシュなどアジア沿岸域を中心に世界各国の地下水に見られるヒ素汚染は，地層に含まれている鉄鉱物などに由来する。ヒ素汚染は，揚水により地下水の化学的な環境が変化したことが要因になっているとの指摘もある。日本でも新潟や有明海などの沿岸域の地下水でヒ素汚染が知られている。

西条市でも，西条平野西部の沿岸域はマンガンや塩化物イオンの濃度が高く，飲用には適さない。塩化物イオンは海水に由来するが，マンガンは地下の堆積物に由来する。

沿岸域の地下水は海水の影響を受けやすい。西条市でも，西条平野沿岸の被圧地下水の一部，特に平野西部は塩水化が進んでいる（中野, 2010；Kumar et al., 2011）。塩水化を食い止めるには，被圧地下水の水圧を強くすること，つまり地下水位の上昇が必要である。西条平野の地下水では，加茂川から涵養されている範囲がわかっており（中野ら, 2015），河川水の覆没量が低下しないこと，また覆没量に見合った適正な揚水量にしなければならない。塩水化に限らず，水質汚染対策には地下水の水みち（水脈）を明らかにするのが有効であるが，被圧地下水は揚水量が多い方に向かって流動する。自然の流れだけでなく，地下水流動に対する人為的な効果を明らかにしなければならない。

地下水を持続的に利用するには，涵養域の保全がなにより重要である。都市化が進むと，地下への雨水の浸透が低くなる。市民70万人がすべて地下水に依存する熊本市では，1980年代から湧水量や地下水位の低下が顕著になった。その原因が涵養域の水田地帯の休耕田化にあることがわかり，休耕田に水を張ることで涵養量を増大させ湧水の復活につなげている。熊本では，休耕田の水浸透速度が一般の100倍と非常に速く，これが復活の要因といわれており，他地域でも同様の効果が期待できるわけではない。一方都市化が進む東京の小金井市では，雨水浸透を促進することで湧水を復活させている。西条市でも安定した地下水資源の確保に向けて，雨水浸透や水田涵養が検討されているが，その効果を評価するには，水の地下浸透などに関する知見やモニタリングが必要なことはいうまでもない。

●地下水を取り巻く環境

明治初期のコレラ汚染は，地表水を主な水源とする上水道が普及するきっかけになった。日本の上水道の普及率は現在98%，下水道も78%に達しており，これにより感染症は劇的に減少した。その一方で，高度成長期以降は河川や湖沼の水道水源の汚染が進み，カルキ臭など水質の悪い水道水も現れ，1990年以降は地下水を原水とするボトル水が急速に普及している。これに伴い，企業による水源涵養域の買い占めなどの問題も発生するようになった（中村，2004：243）。

水資源は人口増加が背景にあって開発されてきたが，日本では2010年を境に人口減少に転じており，減少率は世界でもっとも大きいと予想されている（図1-3）。普及した上下水道施設は老朽化が進んでおり，江戸時代にも経験したように，その維持管理が大きな問題になってきた。利用されなくなった井戸も多く，西条も同様である。その一方でリン資源の枯渇危機もあって，下水や汚水の処理や資源化する技術が進み，海水の淡水化技術も実用化されている。水需要の高まりの中で様々な技術が生まれ，世界各地で地下水が開発されてきた。健全な水循環の育成には，水とそれに含まれる物質を社会の中でうまく循環させることが必要だが，水を取り巻く技術や状況は大きく変化しており，地下水への新たな向き合い方が問われるようになってきた。

 おわりに

山地や台地などの標高が高い地域の降水が地下に浸透して生まれた地下水は，標高が低い谷や盆地などに河川水や湖沼水などの地表水となって現れ，さらに扇状地や平野などの低地で再び地下水になる。流域という単位では，両水は一つの水体として流動しており，人間が地下水と地表水を分けているのに過ぎない。

同じ水体であっても，地下水と地表水は循環の速度や循環する仕組みがまったく異なる。流域の水循環が損なわれないように，両水を補完しながら利用し環境に戻さなければならない。こうした違いを知らなかったり，あるいは無視した開発を行ったりした結果，甚大な被害を受けて初めて施設や制度が整備されてきた。しかし，施設の維持管理には多くの負担を伴う。水質においても，汚染が見つかるたびに水質項目が設けられており，今後も新たな汚染項目が付け加わる可能性は否定できない。地下水研究の目的は，地域性が強い流域の水循環の中で，地下水の涵養・流動・流出の仕組みや流速を明らかにすることだが，得られた情報を利水と排水からなる地域社会内部の水循環の仕組みに生かさなければ，地下水に問題が発生した時の適切な対処は難しい。

西条市は，江戸時代から「うちぬき」に代表される地下水と河川やため池の水を生活や農業に取り入れ，五穀豊穣を願う西条祭りを継承しながら「うちぬき文化」を育んできた。戦後はこれらの水を工業にもうまく利用し，「四国の水の都」として発展している（佐々木, 2010）。しかしその一方で水害をたびたび受け，現在では地下水位の低下や地域によっては水質悪化も現れているが，それらの原因も様々な研究によって明らかになってきた。西条市が培ってきた水循環の知恵と新しい研究遺産の融合こそが健全な水循環の育成につながるということを，地下水資源開発の歴史は伝えている。

引用・参考文献

Biraben, J. N. (2006). The history of the human population from the first beginnings to the present day. G. Caselli, J. Vallin, & G. J. Wunsch (Eds.), *Demography Analysis and synthesis: A treatise in population*. San Diego: Academic Press, **3**, 5–18.

Ikeda, M., Toda, S., Kobayashi, S., Ohno, Y., Nishizaka, N., & Ohno, I. (2009). Tectonic model and fault segmentation of the Median Tectonic Line active fault system on Shikoku, Japan, Tectonics, *TECTONICS*, **28**(5). 〈https://doi.org/10.1029/2008TC002349〉(2020年10月20日確認)

Kumar, P., Tsujimura, M., Nakano, T., & Tokumasu, M. (2011). The effect of tidal fluctuation on ground water quality in coastal aquifer of Saijo plain, Ehime prefecture, Japan. *Desalination*. **286**, 166–175.

Mahara, Y., Ohta, T., Morikawa, N., Nakano, T., Tokumasu, M., Hukutani, S., Tokunaga, T., & Igarashi, T, (2014). Effects of terrigenic He components on tritium-helium dating: A case study of shallow groundwater in the Saijo Basin, *Applied Geochemistry*, **50**, 142–149.

阿部　豊 (2015). 『生命の星の条件を探る』文藝春秋

宇都宮市上下水道局［編］(2017). 『宇都宮市水道百周年下水道五十周年史』宇都宮市上下水道局

環境省 水・大気環境局 (2015). 『平成26年度全国の地盤沈下地域の概況』〈https://www.env.go.jp/water/jiban/gaikyo/gaikyo26.pdf〉(2020年10月20日確認)

環境省水・大気環境局 (2017). 『平成28年度地下水質測定結果』〈http://www.env.go.jp/water/report/h29-02/h29-02_full.pdf〉(2020年10月20日確認)

鬼頭　宏 (1996). 「明治以前日本の地域人口」『上智経済論集』, **41**, 65–79.

国土交通省 (2017). 『日本の水資源の現況28年度』国土交通省 水管理・国土保全

局　水資源部〈https://www.mlit.go.jp/mizukokudo/mizsei/mizukokudo_mizsei_fr1_000036.html〉（2022年3月21日確認）
国立社会保障・人口問題研究所（2017）．『日本の将来推計人口―平成29年推計』〈http://www.ipss.go.jp/pp-zenkoku/j/zenkoku2017/pp29_ReportALL.pdf〉（2020年10月20日確認）
西条市（2017）『西条市地下水保全管理計画』〈https://www.city.saijo.ehime.jp/uploaded/attachment/25984.pdf〉（2022年4月22日確認）
佐々木和乙（2010）．「西条の人と水の歴史」総合地球環境学研究所［編］『未来へつなぐ人と水―西条からの発信』創風社出版, 83–97.
関陽太郎・小山　潤（1998）．「関東平野中・北部地域における地盤沈下に関する新知見（地下水位変動―地盤変動のサイクル）」『地質ニュース』, **531**, 52–64.
総務省統計局（2018）．『第67回日本統計年鑑平成30年』〈https://www.stat.go.jp/data/nenkan/67nenkan/zenbun/jp67/top.html〉（2020年10月20日確認）
千葉知世（2018）．「地下水行政の歴史的変遷」『地下水学雑誌』, **60**(4), 391–408.
中野孝教（2010）．「西条の水から地球環境を診る」総合地球環境学研究所［編］『未来へつなぐ人と水―西条からの発信』創風社出版, pp.38–65.
中野孝教・斎藤　有・申　基澈・佐々木和乙・徳増　実（2015）．「水循環を守り，水を育てる条例策定に向けた西条市と地球研の水質協働研究」『RIVERFRONT』, **81**, 26–29.
中村靖彦（2004）．『ウォーター・ビジネス』岩波書店
日本地下水学会・井田徹治（2009）．『見えない巨大水脈 地下水の科学―使えばすぐには戻らない「意外な希少資源」』講談社
堀越正雄（1981）．『井戸と水道の話』論創社
馬原保典（2009）．「地下水年代の測定」『地下水学会誌』, **51**(1), 55–59.
守田　優（2012）．『地下水は語る―見えない資源の危機』岩波書店

2章 「見えない水」を「見える化」する

高瀬恵次

はじめに――「見えない水」の「見える化」とは

地下水調査のために現場を歩いていると，地元の方から「私の家の地下水は○○山に△年以上も前に降った雨・雪だ」などのような言葉をよく耳にする。また，「この地方の地下にはどれくらいの地下水が貯まっているの？」のような質問を受ける。

地表に降る雨や雪は，その降る様が目視でき，雨量計や積雪深計などで直接測ることが可能で，それぞれの地域に1ヶ月あるいは1年間などに降る水量を知ることができる。また，河川を流れる水やダムに貯水された水も同様で，それらの観測データに基づいて様々な計画や対策が講じられている。これに対して地下水の場合，直接測定が可能なのは地下水位や水質などに限られ，地下水がどのような方向にどれくらいの量で流れているのか，また，どれくらいの量が地下水として存在するのかということを直接知ることは極めて難しい。しかしながら，地下水の管理・保全のためには，その地域の地下水の流れの実態を何らかの方法で明らかにすることが求められている。これが，本章で取り扱う「流れの見える化」である。なお，先にも述べたとおり明らかにすべき事項は「いつの水（年代）」「どこの水（涵養源）」「どれくらいの量（賦存量）」などいろいろあるが，本章では西条平野の水収支を解析・検討することにより，後者二つの事項を明らかにする（「見える化」する）。

それでは，「水収支を解析する」とは何をするのだろう。そもそも「収支」とは「収入と支出」（『新明解国語辞典』）のことである。したがって，これを解析することは，収入と支出の中身（要素）と，その結果生ずる差額を明らかにすることであり，家庭の主婦が家計簿をつけて家計を管理することと同じである。家計簿では給与や利息などが収入に，生活費，娯楽費などが支出に，差額は計算前後の残高の差に相当する。収入と支出の差が＋（プラス）であれば残高は増え，－（マイナス）であれば残高は減少する。これを式で表すと次のようになる。

$$(\text{収入}_1 + \text{収入}_2 + \cdots) - (\text{支出}_1 + \text{支出}_2 + \cdots) = \text{現在の残高} - \text{前回の残高} \quad (1)$$

先にも述べたとおり，地下水の場合には収入・支出の要素自体が必ずしも明確ではなく，ましてやそれぞれの要素の量や残高（地下水位に相当）を直接知ることは非常に困難である。これではチコちゃんに「収支も考えずに地下水を使っているなんて。ボーッと生きてんじゃねーヨ！」と叱られても仕方がない。そこで，本章では以下のような手順で，西条平野の水収支を明らかにする。

①西条平野の水の流れ（水循環）の要素（収入と支出の項目）を明らかにする。
②各水収支要素の量を観測値や推定値に基づいて明らかにする。
③最後に，(1) 式に基づいて西条平野の水収支状況（残高の増減）を検討する。

なお，この章を読み進めるにあたっては，降雨や河川流量など水の流れを表す量は，単位時間あたりの水量（たとえば，m^3/s など）であり，地下水位（=地下水として存在する水量）はそのときの状態量（たとえば，地下水位であれば m，水量の場合は m^3 など）であることを念頭において頂きたい。また，水量については通常用いられる体積量（たとえば，m^3 など）を対象面積（流域面積や平野面積）で除して，降水量と同じ単位の mm で表記しているので留意願いたい。

 西条平野を取り巻く水循環

まず，西条平野を取り巻く水循環を整理することで，地下水に関する収入・支出要素を洗い出す。そして，それらが観測されている場合にはその観測値を精査し，観測されていない場合には，何らかの方法で推定する。

●流域水循環と地下水

図 2-1 は地表での水の流れと地下水の関係を模式的に表したものである。流域の上流部に降る雨は地表や土壌中から河川へ流出し下流に達するもの，土壌や植生に保留されたのち蒸発散として再び大気へ戻るもの，あるいは地中深くに浸透して地下水帯に達したあと長い時間をかけて平地部に達するものに大別される。一方，下流域の平野部に降る雨は速やかに河川に流出するもの，浸透して地下水となるもの，あるいはいったん土壌中に保水され蒸発散として大気

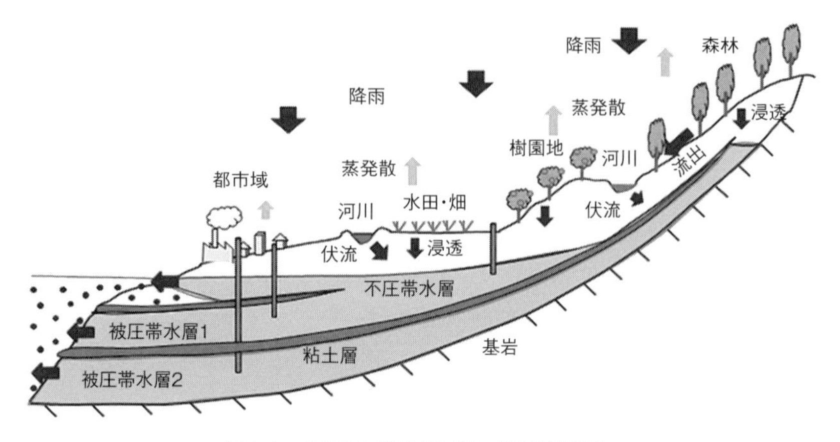

図 2-1　地下水と地表水の流れ（流域水循環）

に戻るものとに分かれる。また，平地部の河川を流れる水の一部は，河床から伏流して地下水となる。このように，地下水のそもそもの起源は雨や雪（降水）であるが，平野部の地下水の源は，上流域山岳地での浸透水であったり，森林や水田・畑などの農地，住宅地の庭からの浸透水であったり，河川からの伏流水であったりと多岐にわたる。そして，地下水が流れる層は，地表から直接涵養されその水面が大気で繋がっている地下水帯と，粘土や岩盤などの不透水層で覆われた地下水帯に大別される。前者を不圧帯水層または自由面地下水帯といい，多くの場合，その水面は地表面下にあるが，地盤の低い所では湧出する。一方，後者は粘土や基岩層で閉じられているので圧力を受け，地表面から吹き出すことも多い。また，不圧帯水層の涵養域はその直上にある地表領域であるが，被圧帯水層の涵養域は上流域の不圧帯水層（図 2-1 の被圧帯水層 1）であったり，さらに上流の限られた領域（図 2-1 の被圧帯水層 2）であったりする。

●西条平野の水循環

西条平野は加茂川によって形成された扇状地と沿岸部に拡がる低地部からなり，その周囲を東は渦井川，南は石鎚山系をはじめとする山岳地，西は中山川に挟まれている。平野中央を流れる加茂川は，西日本最高峰である石鎚山に源を発し，いくつかの支流を集めながら山間を流下して長瀬堰に至る。この地

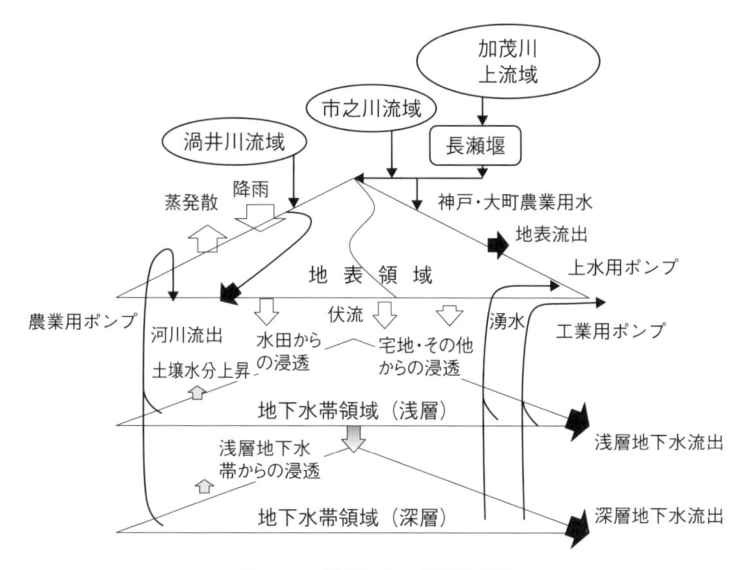

図 2-2　西条平野の水循環模式図

点での集水面積は 175km^2 で，これより下流に西条平野が広がる。本章で対象とする平野部面積は 26km^2 で，このうち水田が 59%を占める。加茂川が西条平野に流れ込む地点に設けられた長瀬堰下流では神戸（かんべ），大町二つの農業用水が取水され扇状地内の水田を潤すとともに，沿岸平野部の水田では地下水が揚水され灌漑に利用されている。また，平野内には多くの湧水があり，低地部では「うちぬき」と呼ばれる井戸から被圧地下水が自然湧水する光景があちこちに見受けられる。

図 2-2 はこのような西条平野の水循環を模式的に表したものである。西条平野に流入する水には平野部に降る雨のほか，加茂川水系および渦井川水系からの河川流入量がある。このうち加茂川の流量は長瀬堰を流下する水量と市之川の河川流量の合計である。一方，平野から出ていくのは，農地や宅地などからの降雨流出（地表流出）と背後地流域から流入した河川水の流出，地下水帯水層から海への流出（地下水流出），地下水帯から揚水された地下水あるいは地表に湧出する地下水の地表排水および蒸発散である。これら流域の水循環を構成する様々な流入・流出要素の関係は，次式のような水収支式によって表される。

対象領域への総流入量－対象領域からの総流出量＝対象領域内の水量変化 (2)

そして，対象領域が地下水帯の場合，(2) 式の右辺は地下水位の変化を表すことになる。(2) 式は，(1) 式で表される一般的な収支式を水の流れに当てはめたもので，本章の「見える化」は，降雨や河川流量，地下水位などの観測値に基づいて，(1) 式が満足されるように河川からの伏流量や地表からの浸透量，海への流出量など各対象領域における未知の水収支成分を明らかにすることである。

 加茂川上流域の水収支

西条平野の水収支を考える上で，加茂川上流域からの河川流入量は非常に重要な役割を果たしている。そこで以下では，まず石鎚山を源とする加茂川上流域の水収支について検討する。

西条市は北側を瀬戸内海に面し，南側に四国山地を擁する急峻な地形をなしている。このため，瀬戸内海式気候の影響を受ける平地部での年降水量は1,300mm 程度であるのに対して，太平洋岸式気候の高知県に接する山岳地域では 3,000mm を超える量となり，同じ流域内にあっても降水量は著しく異なる。そこで，加茂川上流域における降水量の標高依存性を検討した。

加茂川の流域では標高 8m の西条東消防署をはじめとして標高 1,280m の成就社など計 8 地点で市・県・国によって降水量が観測されているが，成就社よりも標高の高い地点での観測は行われていない。そこで，筆者らは西条市と協力して 2009 年からの数年間，標高 1,897m の瓶ケ森山頂付近で 5 月～10 月の無降雪期間のみ観測を行った。そしてこの期間の総降雨量を既存の雨量観測点と比較したところ，降雨量は標高が高くなるとほぼ直線的に増加し，石鎚山頂付近では平地の 2 倍以上もの雨（雪）が降ると予測された。このような特性を考慮して，加茂川上流域に降る年降水量を求めると 1,980～4,420mm（2007～2013 年）となり，平野部（974～1,665mm）の 1.7～2.8 倍，平均で 2.2 倍に達し，これが大量の加茂川流量を生み出していることがわかる。

この大量の雨の大半は先に述べたように河川へと流出して下流に達し，残り

は土壌や植生に貯留され河川に流出せず蒸発散として再び大気へと戻る。加茂川上流域の年蒸発散量はおよそ650mm程度と見積もられるので，長瀬堰を経て西条平野に流れ込む水量は2,000mm以上に達すると推定される。この値は長瀬堰上流域を集水面積として水深単位で表したもので，これに上流域の面積（175km^2）を乗じて水量単位に換算すると，実に$3.5 \times 10^8 m^3$の水量となる。同じように平野部の年平均降水量を1,350mmとするとその水量は$3.4 \times 10^7 m^3$で，加茂川上流域から平野部に流入する河川水量は平野部降水量の10倍以上になることになる。これが西条平野部の地下水を安定的に保っている大きな要因の一つである。また，西条市は比較的温暖な地域に属するとはいえ，高標高の山岳部では春先まで積雪が見られ，これらの雪が春になって解けることで，田植え時期の農業用水供給に寄与している。

 西条平野の水収支と地下水

以上のように西条平野では加茂川をはじめとする背後地からの大量の河川水流入により豊富な地下水が存在し，市民の生活と地域の産業と生活を支えている。しかしながら，少雨の時期には湧水や自噴が一時的に停止することもあり，さらに沿岸部では地下水の塩水化が認められる地域もあって，地下水の保全と管理は重要な課題となってきている。したがって，この地域の地下水の動態と収支を把握することは，地表水を含めた水資源の持続的な利用のために基本的な課題である。そこで，以下では西条平野の地下水の特徴および水収支について説明する。

●地下水の流れと地下水位の変化特性

図2-3には西条平野における代表的な地下水位連続観測井の位置と，これら観測井の地下水位から推定した地下水の流れの方向を示す。この図から西条平野中央部の地下水は加茂川が平野に流入する扇頂部を中心として放射線状に海へと流れていることがわかる。また，平野東部では渦井川によって形成される地下水の流れもある。

これら観測井の地下水位を比較すると，西条平野扇状地内にある観測井と沿

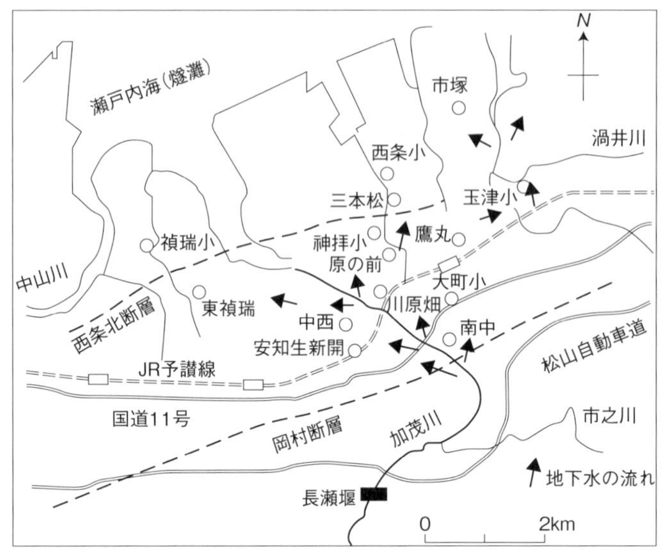

図 2-3　地下水観測井と地下水の流れ

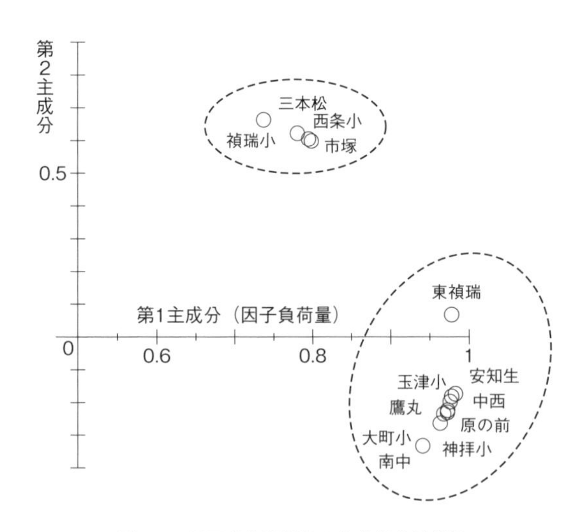

図 2-4　地下水位観測点の主成分分析結果

岸部にある観測井の地下水位はそれぞれに類似した変動を呈しているように見える。大きな降雨後の地下水位標高は扇状地内では 4m に上昇し，無降雨日が連続する渇水期には 2m 近くまで低下するのに対して，沿岸部では概ね 1～2m

の範囲で上下する。そこで，これら観測井の地下水位変動の類似性を主成分分析によってグループ化した。その結果，図2-4のように西条平野の地下水位の変化は西条北断層を境として北（沿岸部）と南（中央部）の二つのグループに分類できることが明らかとなった。

●水収支モデル

図2-1や図2-2に示されるように西条平野の地下水は，上流域からの河川流量や平野内の降雨，水田からの浸透，あるいはポンプによる揚水や海への地下水流出など多くの水の流れと関連しながら変動している。このうち，河川流量や降雨量は国や県・市町村によって観測されており，またポンプ揚水量などは調査によってその値を知ることが可能である。しかしながら，地下水涵養に重要な役割を果たす加茂川をはじめとする河川からの伏流や地表からの浸透あるいは海への地下水流出など，観測が不可能な水の流れがほかにも多く存在する。このような場合には，扇状地内の水の流れをできるだけ忠実に表現するコンピュータモデルを作成して，観測不能な水の流れをコンピュータ上で調整しながら実際の地下水位変化を再現することによって，水の流れの全体を知ることが有効な手段となる。そこで，本書では西条平野の流れを表現するコンピュータモデル（以下，水循環モデルという）を構築することとした。

地下水の流れを表現するモデルには流れの理論に基づく物理的モデルや貯留量と流動量の関数を導入したタンク型モデル，また扱う領域をできるだけ細分化して解析する分布型モデル，対象領域全体を平均的に扱う集中定数型モデルなど多くのものが提案されているが，本書ではタンク型モデルを基本とし西条平野全域を一つの領域として扱う集中定数型モデルを採用した。

図2-5にモデルの概要を示す。モデルによる計算（水循環の見える化）の基本は，水収支要素の中で直接観測されているもの（たとえば，降雨や長瀬流量など）や観測されたデータから推定可能なもの（たとえば，蒸発散量など）を既知の入力データとし，観測不能な水の流れをモデル化することである。そして，最終的な出力値である地下水位の変動が実測地下水位の変動を再現するようにモデル定数を調整することによって水循環モデルが完成する。以下では，主な水の流れの扱いについて説明する。

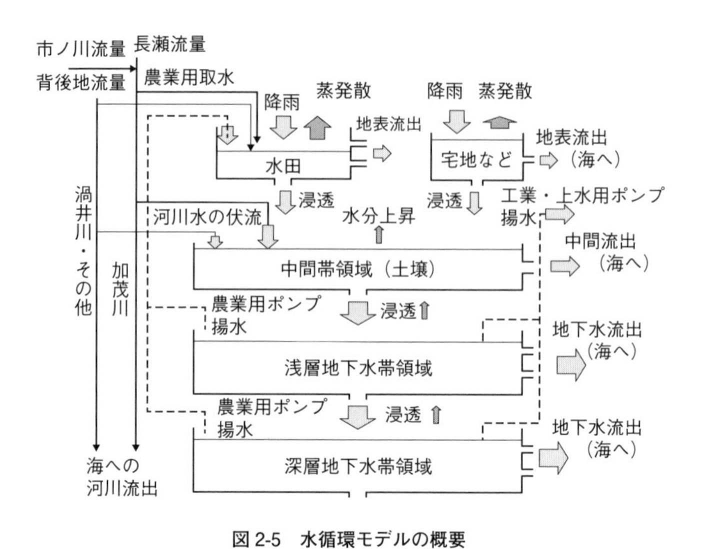

図 2-5　水循環モデルの概要

(1) 降水量

降水量データには，西条東消防署での観測値を用いた。

(2) 蒸発散量

蒸発散量は，可能蒸発量に月別の蒸発散比を乗じて計算することとした。可能蒸発量は，西条（旧丹原）アメダスの気象データ（気温，風速，日照時間）および西条東消防署の湿度データを用いアルベドを0.5として，Penman式によって日単位で求めた。そして，水田域については表2-1に示した蒸発散比を採用し，水田以外についてはすべての月について1.0とした。

(3) 河川水と農業用水取水

加茂川，市之川および渦井川上流域から平野に流入する河川水量のうち加茂川流量については，長瀬堰において流量が観測されているのでこれを長瀬流量とし，市之川および渦井川流量については長瀬流量の面積比換算値を用いた。

表 2-1　水田の月蒸発散比

月	1月	2月	3月	4月	5月	6月	7月	8月	9月	10月	11月	12月
蒸発散比（EC）	0.80	0.80	0.90	1.10	1.15	1.20	1.20	1.15	1.15	1.10	1.00	0.80

また，河川から農業用水として水田に取水される量のうち，加茂川については神部・大町農業用水の取水実績調査結果に基づいて決定した。

(4) 河川からの伏流と海への河川流出

農業用水として取水された後，平野内を流下する河川水が途中で伏流し中間帯領域（土壌）を経て地下水帯に達する水量は，地下水の収支を知る上でもっとも重要な要素の一つであるが，これは観測不能である。そこで，以下のようにモデル化して推定することとした。

加茂川からの伏流については，西条市による調査から長瀬堰流量と地下水位の間に深い関係があり，長瀬流量がある水量を超えると神拝小や大町小の地下水位が一定となること，逆に長瀬流量がある程度減少すると河川水が河口に至るまでにすべて伏流して背切れを起こすことが知られている。そこで，加茂川については，長瀬堰流量から神戸・大町農業用水取水量を差し引いた値がQKML1 以下の場合にはすべて伏流し，QKML3 以上の場合には伏流量が一定になるものとした。そして，QKML1～QKML3 では加茂川流量に比例する量が伏流し，残りは河口に到達して海に流出するとした（図 2-6）。一方，渦井川を代表とする加茂川以外の背後地河川からの伏流については，その影響が小さいと考え，図 2-6 に示したように加茂川よりもやや単純なモデルとした。

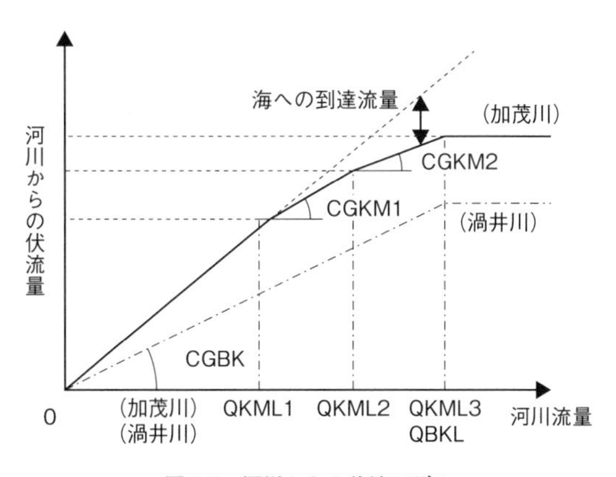

図 2-6 河川からの伏流モデル

(5) 各種ポンプ揚水量

①生活用ポンプ揚水量　西条市の生活用水は，上水道，簡易水道，専用水道および条例水道事業によって供給されるほか，各戸でのポンプ揚水によって賄われている。これらすべてのポンプ揚水量に関するデータを得ることができないため，本解析では，統計年鑑記載の上水道用地下水利用量と当該給水人口から生活用地下水利用の原単位を求め，これに総人口を乗じて，生活用総地下水利用量を推定した。その結果，西条平野では日量およそ18,000 m^3 の地下水が生活用水として用いられていると推定された。したがって，本解析ではこの数値を採用した。

②工業用ポンプ揚水量　西条市では市の地下水対策協議会によって，ほぼすべての主要工場での地下水利用量が把握されており，その量は工業統計調査のデータから推計した水量に概ね一致している。本解析では地下水対策協議会による調査データに基づき，日量10,000m^3 を採用した。

③農業用ポンプ揚水量　平成21年度西条市農業用水の実態調査によれば，農業用ポンプ揚水量は年によって，また月に依って大きく変動し，その最大値は月あたりおよそ500万 m^3（日量にして17万 m^3）であった。一方，平成8年（1996年）頃の調査によれば，灌漑期における農業用地下水取水量は約23万 m^3/日とされており，「うちぬき」井戸による揚水を考慮するとこれよりもさらに大きな量が揚水されていると考えられる。このように，平野部全域における農業用ポンプ揚水量の詳細なデータを得ることが困難であることから，本論では，水田から失われる水量は水田からの蒸発散と田面からの浸透の合計で，降雨がこれよりも大きい場合には灌漑は行われず，降雨がこれよりも少ない場合には不足量を河川からの農業用水取水とポンプ揚水で補給するものとした。ただし，降雨の扱いについては水田の灌漑計画で採用されている田面有効雨量の概念を採用した。そして，田面からの浸透量を10～25mm/dの範囲で試算的に与え，雨量，蒸発散量，農業用水取水量の日観測値を用いて農業用ポンプ揚水量を推定した結果，浸透量を15mm/dとした場合に実際の揚水状況を再現することができた。そこで，本解析では上述のような計算法による推算値を農

業用ポンプ揚水量として採用することにした。

(6) 各領域での水収支

以下では，図2-5を参照して各領域での水循環要素の取り扱いを説明する。

①**地表領域**　平野部の地表領域は水田域とそれ以外の土地利用に分類した。水田域への流入要素は，降雨，神戸・大町用水および加茂川以外の背後地河川からの農業用水取水とし，水田以外では降雨のみとした。一方，流出要素は蒸発散，地表流出および中間帯領域への浸透である。このうち，神戸・大町用水取水量と蒸発散量は上述のような観測値から得られる既知データであるのに対して，背後地河川からの取水量，水田や宅地からの流出量および浸透量は，観測されていない（未知量）ので，取水係数やタンク流出孔の大きさ・高さおよび浸透孔の大きさを調整して推定した。

②**中間帯領域**　この領域は，地表からの浸透と河川からの伏流が地下水帯へ到達する重要な領域である。この領域への入力要素は，地表領域からの浸透と加茂川およびその他の背後地河川からの伏流で，出力要素は地表領域への毛管上昇，中間流出および下方への浸透で，これらはすべて未知量である。河川からの伏流量については本節の「(4) 河川からの伏流と海への河川流出」で述べたような方法で求めた。中間流出および下方への浸透は，地表領域におけるタンクの取り扱いと同様である。また，中間領域から地表領域への毛管上昇は，地表領域の貯留深が蒸発散量を補うのに十分でない場合のみに生ずるとした。

③**浅層地下水帯および深層地下水帯領域**　これらの領域への入力要素は上層領域からの浸透のみで，出力要素は，浅層地下水帯では下方（深層地下水帯）への浸透と流出および各種ポンプ揚水，深層地下水帯では流出および各種ポンプ揚水である．浸透量，流出量の取り扱いは，地表領域および中間帯領域での扱いと同様である。なお，これらの地下水帯からの流出のうち，下方流出孔からの流出は海への地下水流出，上方流出孔からの流出は地表部への湧水を表現するとも考えられるが，水収支上は地下水帯からの流出成分であるので特に区

別して扱わないこととした。

なお，この二つのタンク貯留深が実際の浅層および深層の地下水位と相対的に等価であるとし，計算貯留深に地下水帯の有効間隙率を乗ずることによって実際の地下水標高と対応させた。また，先にも述べたように本モデルは対象領域を一括（平均化）して扱う集中定数型であるので，浅層地下水帯および深層地下水帯水位の変動も実際の水位変動の平均値に対応することになる。このため，本解析では主成分分析結果を参考に，推定断層より北に位置する 4 観測井の水位が深層地下水位を，南に位置する 10 観測井の水位が浅深地下水位に対応するものとした。そして，各グループ内の各観測井の水位変動幅がほぼ同じであることから，各グループ内観測井水位の単純平均値を実測地下水位とした。

 モデルの適用結果と西条平野の水収支

●モデルパラメータの決定

これまで説明してきたように西条平野における水の流れを明らかにするためには，観測不能な水の流れをモデルによって推定する必要がある。具体的には，各領域タンクの流出孔や浸透孔の大きさと高さ，河川からの伏流量を決定するための係数（図 2-6 の QKMLi）など（これをモデルパラメータという）を調整して，計算された浅層および深層地下水タンクの貯水深変化が実際の地下水位変化を再現するように定めることである。とはいえ，調整すべきパラメータは多種多様で，試行錯誤のみによる調整では適切な数値が決定できないので，数学的な手法によって最適化した。なお，浅層，深層地下水帯からの農業用ポンプ取水率，工業用及び上水道用の取水率については経験的に定め，前者については 3:7，後者については 1:9 とした。また，最適化に用いる観測データは 2007～2009 年のものとし，2010～2013 年のデータはモデルの検証用に用いることとした。

図 2-7 にはモデルによる計算地下水位と実測地下水位の比較を示す。このように計算値は実測地下水位の変動を良く再現しており，最適化期間（2007～2009 年）の相対誤差平均値は浅層地下水，深層地下水位でそれぞれ，6.2，2.2%，検証期間（2010～2013 年）においても 6.4，2.5%とほぼ同様の結果を得た。したがって，本モデルは西条平野の地下水を含む水循環の実態をかなり忠実に表現

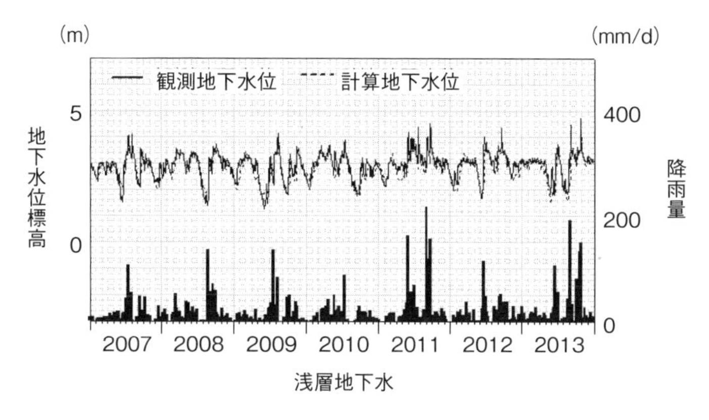

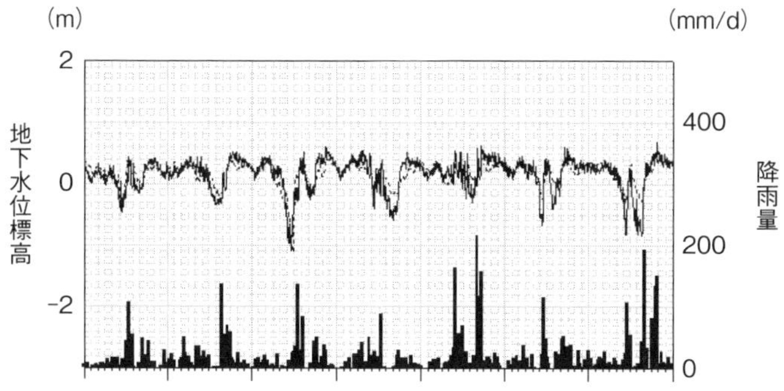

図 2-7 モデルによる計算地下水位と実測値の比較

していると判断され，このモデルにより西条平野の水収支や地下水位の変動解析を行うことが可能となった。

●西条平野の水収支

次にモデルによる計算結果に基づいて，本平野の水収支構造を検討した。図2-8には，2007～2013年の年間水収支を示す。図中の数値は，平野部単位面積あたりの等価水深である。ただし，地表部水田，宅地などからの蒸発散，地表流出，浸透量についてはそれぞれの面積当たりの等価水深量を（　）内に，また各タンク内の貯留変化量については【　】内に示した。このように，平野への流入要素では，長瀬堰を通過する加茂川上流域からの河川流量が圧倒的に大きく，平野内に降る雨の10倍以上に達する。そして，これが平野を流下する間に

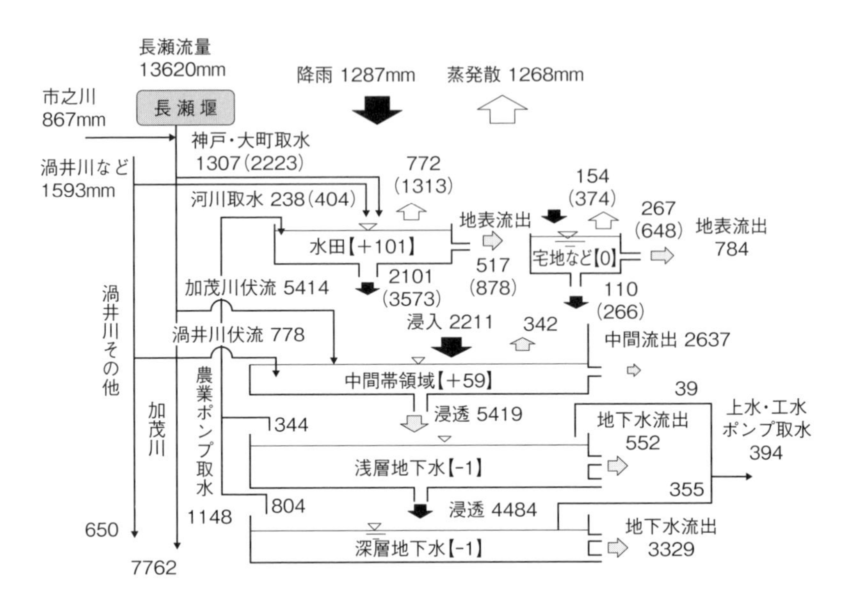

図 2-8　西条平野の年水収支（2007～2013 年の平均）

およそ1/3が伏流し，降雨や灌漑水など地表からの浸透とともに地下水を涵養する。中間帯からの蒸発散や海への流出を経て地下水帯に達する涵養量はおよそ5,400mmと見積もられ，平野に降る雨の4倍程度である。そして，この涵養量のおよそ1/3にあたる1,540mmが工業・生活用水・農業用水として浅層・深層地下水帯から揚水利用されて，残りは地表へ湧水あるいは地下水として直接海へ流出していると推算される。この地下水涵養量に対する地下水利用量の割合を，我が国で有数の地下水名水地である地域と比べてみると，福井県大野市（大野市産業建設部建設整備課湧水再生対策室，2017：2）ではおよそ7%（平成14～22年の平均値），熊本市（2004：12）では約31%（使用量は平成13年，涵養量は平成10年の実績）である。いずれにしても，このような地下水の流れと水利用構造が，同平野における豊富な地下水利用を可能にしていると判断される。

しかし，先にも述べたように西条平野では農業用水の地下水依存度が高く，灌漑期には地下水位の低下や湧水の枯渇が生ずる場合もある。また，加茂川では長瀬堰下流で背切れが生じたり，沿岸部の一部では地下水の塩水化も懸念されている。これはある限られた期間でみれば，降雨や河川流量などによる収入

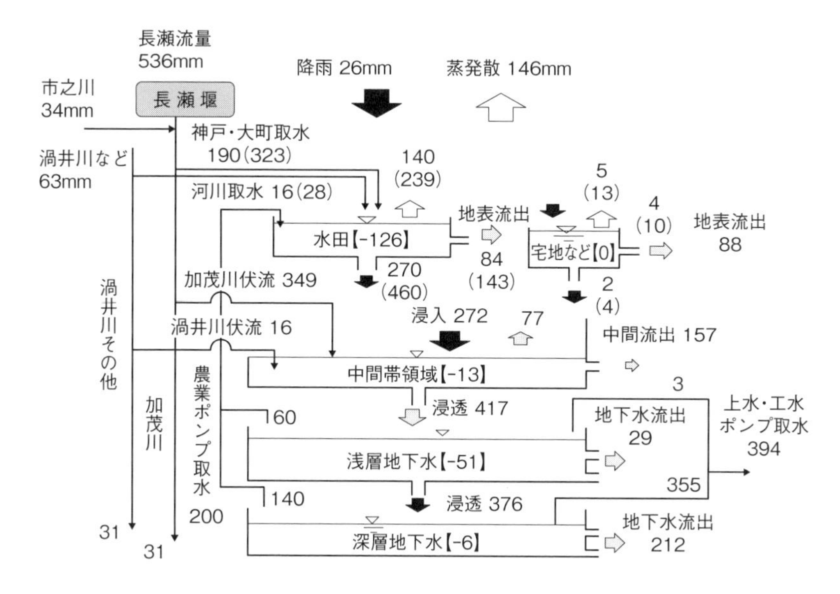

図 2-9 西条平野の月水収支例（2008 年 7 月）

が少なく，逆に海への流出や地下水揚水などによる支出が収入を上回り，貯蓄（地下水位）が減少することを意味している。図 2-9 は月降雨量がわずか 26mm であった 2008 年 7 月の月水収支を示したものである。このように，蒸発散量（146mm）は降雨量を遙かに上回り，宅地など水田以外の地目を除くすべての領域で貯留高はマイナスとなっている。浅層地下水帯でみれば，収入（浸透）が 417mm であるのに対して，支出（地下水流出量，深層地下水への浸透量，上水道・工業・農業用地下水ポンプ揚水量）は 467mm で 51mm の赤字となっている。これが，2008 年 7 月の地下水位が急激に低下した理由である。

以上のように，西条平野における持続的な地下水利用のためには，地下水の涵養源となる加茂川からの伏流，水田からの浸透のみならず，上水道・工業・農業用の地下水利用や海への地下水流出（湧水を含む）など水の流れとその収支についての十分な理解が必要であり，本モデルは様々な方策を検討する際に有用な情報を提供しうると期待される。

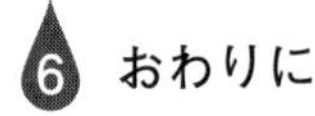

おわりに

本章では西条平野の水循環を比較的簡単なモデルで表現することによって，目で見ることの困難な地下水の流れと水量を推定（見える化）し，同平野の水収支の特徴と地下水の保全のための課題を明らかにした。その結果は以下のようにまとめられる。

①同平野の水収支には，石鎚山を源とする加茂川からの流入量が非常に大きな役割を果たしており，その量は平野内に降る雨のおよそ10倍に相当する。
②同平野の豊富な地下水を支えているのは，主に水田からの浸透と加茂川からの伏流であり，それらの合計は平野に降る雨の5～6倍に相当する。このうち，加茂川からの伏流量が70%を占める。
③加茂川の伏流量の年変動は，雨量や加茂川流量の年変動に比べて小さく，これが西条平野における安定した地下水利用を可能にしている。
④一方，降雨の少ない時期には収支がマイナスになって，地下水位が急激に低下する要因も明らかとなった。地下水位の低下は湧水の停止や塩水化などの問題を生ずることもあり，地下水を含む西条平野全域における水循環と水収支についての理解が必要不可欠である。

以上のように，水収支モデルを通した地下水の見える化によって，同平野の地下水が平野部に降る雨だけではなく上流域からの流入水や海への地表流出・地下水流出，さらには地下水の利用と深く関わっていることを定量的に明らかにすることができた。今後は，地下水の持続的な利用のための具体的かつ定量的な方策を検討する上で，本モデルが活用されることを期待するところである。

引用・参考文献

小川竹一（2016）．「地下水＝地域公水化論」『愛媛法学会雑誌』，**42**(2)，1-28.
大野市産業建設部建設整備課湧水再生対策室（2017）．『大野市地下水年次報告書―平成28年版』〈https://www.city.ono.fukui.jp/kurashi/kankyo-sumai/chikasui/

nenjihokoku.files/tikasuinennjihoukoku28.pdf〉（2020年10月20日確認）
金田一京助・山田明雄・柴田　武・山田忠雄［編］（1992）．『新明解国語辞典 第4版』三省堂
熊本市（2004）．『熊本市地下水量保全プラン』
後藤秀昭・中田　高（1998）．「中央構造線活断層系（四国）の川上断層・岡村断層の再検討―横ずれ断層の断層線認識の新たな視点とその意義」『活断層研究』，**17**, 132-140.
西条市市民環境部環境衛生課（2018）．『地下水年報―2017年版』〈https://www.city.saijo.ehime.jp/uploaded/attachment/30455.pdf〉（2020年10月20日確認）
高瀬恵次・藤原洋一（2018）．「山岳地流域における面積雨量の推定」『応用水文』，**30**，49-54.

3章 森林と農地の管理を通して地下水を守る

大田伊久雄

はじめに

森林と農地には水源涵養や国土保全など様々な公益的機能がある。そこからの恩恵は広く国民が享受できる公共の利益であり，それらを守るために造林や間伐には国や地方自治体から補助金が出され，農地を維持管理する農業者へは直接所得補償等の制度が整備されている。そこで本章では，水問題を考える上で重要となる森林と農地の果たす役割について解説する。その上で，河川水や地下水の源流である森林の保全と適切な管理が，長期的な視野で水資源を守るためには極めて重要な政策目標となることを示す。

森林と農地がもつ環境機能

日本は世界的にみても非常に森林に恵まれた国である。国土面積の66%が森林に覆われており，中央に急峻な山々を抱える小さな島国であるにもかかわらず，一部の地域を除いて良質な水に恵まれている。そうした中でも，愛媛県西条市はとりわけ豊かな地下水に恵まれた地域といえよう。

日本学術会議によれば，森林がもつ多面的機能には以下のような8種類があるとされている[1)]。①生物多様性保全機能，②地球環境保全機能，③土砂災害防止機能／土壌保全機能，④水源涵養機能，⑤快適環境形成機能，⑥保健・レクリエーション機能，⑦文化機能，⑧物質生産機能。

また，農地は国土の約12%を占めており，土地の利用形態としては森林に次ぐ大きさとなっている。農業のもつ多様な役割として日本学術会議は，①安全な食料を持続的に生産することにより国民生活の現在および未来を保証する，②農業的土地利用が物質循環系を補完することにより環境という公共財に貢献する，③生産空間と生活空間の一体性により地域社会を形成・維持する，という3種類をあげている。とりわけ，②の中には「水循環を制御して地域社会に貢献する機能」があるとしている。

1）日本学術会議が農林水産大臣の諮問を受けて2001（平成13）年11月にとりまとめた「地球環境・人間生活にかかわる農業及び森林の多面的機能の評価について」（日本学術会議，2001）と題する答申に基づく。

さて，森林と農地のもつ多くの機能は，直接・間接に我々人間の生活に良い影響をもたらしてくれるものであるが，その中でも森林のもつ土壌保全と水源涵養の機能はとりわけ重要といえる。そして，この二つの働きは相互に深い関係をもっている。さらにこれらは，下流域の農業や漁業にも関わる極めて重要な働きでもある。ひと言でいえば，「土を作る」機能といえよう。そのメカニズムについて，次節で詳しくみていく。

 森林の優れた働き

●森林の国土保全機能

陸上においては，森林は動植物をはじめとする生物の宝庫である。とりわけ，土壌中に棲息する昆虫などの小動物や菌類の働きにはめざましいものがあり，地下に眠る岩石と継続的に地表に供給される枯れ葉や倒木，動物や昆虫の死骸，そして降り注ぐ雨水を利用して栄養豊富な土壌を作り続けている。森林土壌の特徴は，有機物や無機物の化学的組成と団粒構造などの物理的性質が適度な状態に保たれていることで，とりわけ温帯地域の森林土壌はそのバランスに優れている。一方，微生物による有機物の分解速度が速い熱帯地域では土壌中の有機物は非常に少なく，また雨期の豪雨やスコールによって表土が流されることもしばしば起こる。それゆえ，熱帯地域の森林土壌は温帯地域と比べて浅く貧弱である。寒帯や亜寒帯では逆に生物分解が遅く，また雪や氷の影響で土壌構造も単純になりがちである。寒い地域では地上部においてと同様に森林土壌中においても暖かい地域と比べて生物多様性に乏しく，樹木の成長速度などの生物生産力も低い。

森林の国土保全機能という場合，土砂の流出を防ぐ働きと斜面の崩壊を防ぐ働きの二つを合わせた機能を指す。日本では，森林法に定められた保安林制度の中に，土砂流出防備保安林（2号保安林）と土砂崩壊防備保安林（3号保安林）という形で保全が進められている。いずれの機能も，森林の存在によって土壌が守られることを期待しているのであるが，地上部の森林が地下の土壌を守るという一方向的な寄与ではなく，豊かな土壌があるから森林が成立するという逆方向の寄与も重要な関係性である。さらには，先ほど述べたように生物多様

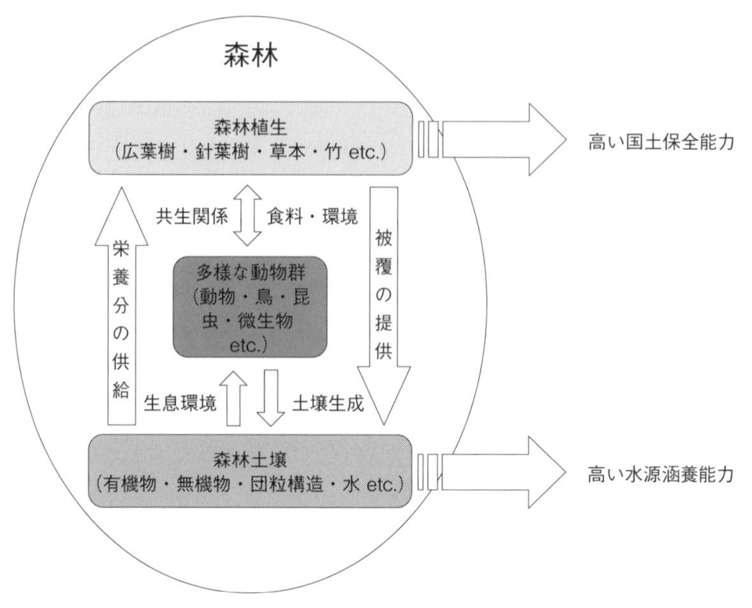

図 3-1　森林植生と森林土壌との相互関係

性の高い森林があるからこそ豊かな土壌が形成されるという因果関係にまで遡ることができる。森林と土壌は強い絆で結ばれた相互依存関係にあると整理することができる。この関係をわかりやすく示したものが図 3-1 である。

土砂の流出防備とは，大雨の時に地表の土砂が下流に運ばれるのを防ぐことであり，林冠によって雨滴が直接地面を叩くのを防いだり，地表の落葉や下層植生によって土砂の流出を防ぐような機能を指す。土砂の崩壊防備とは，崖崩れや土石流を防ぐことであり，地下深くまで張り巡らされた樹木の根のネットワークが土壌を押さえて固定することで発揮される機能である。栄養豊富で柔らかで分厚い土壌層が存在していれば，樹木は成長と共に広く深くその根を張り巡らせ，やがては土壌層の下の岩盤にまで達することができる。そうなれば，非常に強固な土砂崩壊防備機能を発揮することが可能となる。

一方，重力と風雨がある限り上流部の森林土壌はいつか必ず下流に流出する。その土壌が有機物を多く含んだ豊かな土壌であれば，下流部の田畑に多くの養分を供給し，さらには海へ流れて豊かな漁場を形成することになる。日本列島周辺に良い漁場が多いのも，黒潮や親潮などの海流の影響と共に，陸地から流れ出る栄養豊富な土壌成分のお陰であることはよく知られている。「森は海の恋人」といわれるゆえんである。山の斜面を覆う森林は，常に豊かな森林土壌を作り続け，その土壌をしっかり保全しつつ，少しずつ下流に供給することで山から平野，海にいたるまでの人間の生活と自然環境とを基盤から支えてくれる必要不可欠な存在なのである。

●森林の水源涵養機能

豊かな森林土壌は，多様性に富む健康な森林を育む。森林の水源涵養機能，すなわち綺麗な水を作り蓄える機能は，基本的に地上の植物群落ではなく，植物が繁茂している土地の地下の比較的浅い部分にある森林土壌が創り出している。保安林制度の中では，水源涵養保安林（1号保安林）は全保安林面積の7割を超える最重要な位置づけにあり，我々の生活にとってもっとも身近な森林の多面的機能の一つであるということができる。

地球上において，水は大気と地表面の間を常に循環している。雨となって大気中から地表に降り注いだ水は，以下に示す三つの経路のいずれかをたどる。一つ目は，森林を構成する樹木などの植物体内に取り込まれ，一部は光合成に利用されるが残りの多くは蒸散によって大気中へと放出される経路である。二つ目は，森林の土壌中に蓄えられ濾過されながら時間をかけて下流へと流れていく経路。そして三つ目は，地表を伝って沢筋から徐々に大きな川へと合流し，あまり時間をかけずに海へと流れ込むという経路である。

樹木からの蒸散量は，樹木の大きさとその成長段階に大きく左右される。樹高が高く葉っぱの量が多い樹木で構成される森林では蒸散量は多くなり，逆に小径木の疎林では蒸散量は小さくなる。ただし，スギやヒノキの人工林では，林齢の若い生育途上の段階で多くの水を吸い上げることが知られている。針葉樹を造林した後，下流の川の水量が減少するという現象が見られるのはそのためである。

人間の生活にとってもっとも重要な雨水の経路は，土壌に浸透し貯留されるという二つ目の経路である。これがいわゆる森林の保水力であり，水源涵養機能の中心である。森林土壌はスポンジのように空隙を多く含む構造をしており，雨水はその空隙に取り込まれる。土壌の立体構造を形成するのは植物の根やミミズなどの小動物の働きであり，生態系として健全な森林においては十分な空隙をもつ豊かな土壌が日々作られている。また，表層土壌の下にある岩盤の割れ目を通ってさらに深い場所まで浸透し，地下水脈となる場合もある。

三つ目の地表流は，二つ目の経路で受け入れきれないほどの大量の降雨があったときに発生するもので，集中豪雨や長雨が降り続いた場合など土壌の保水力が限界に達した状態では，降った雨のほとんどすべては地表流として一気に谷を下り，場合によっては土石流や洪水を引き起こす。なお，普段私たちが見かける川を流れる水は，過去に降った雨がいったん森林土壌に取り込まれた後，重力にしたがって低い方へと地下を移動するうちにどこかの地点で地表に現れ出たものであり，二つ目の経路を通ってきた水であるということができる。もちろん，雨の日に平地や水面に降った水はそのまま地表流として川を流れるし，上流に池や湖があれば地下を経由しない場合もある。

地下水は，雨となって地上に降った水が土壌の中に取り込まれ，その後地下水脈にたどり着いたものである。ずっと地下を通る場合と，いったん地上に出て川となって流れた後に伏流する場合があるが，いずれにしても二つ目の経路が地下水の元である。すなわち，森林の土壌層が厚く，空隙の多い良好な状態であれば地下水の水源は十分に確保されるが，逆に森林土壌が薄く貧弱であれば地下水への供給能力は大きく低下してしまう。このように，上流の森林と中下流での地下水とは直接的な深い関係性を有している。

繰り返しになるが，植物群落である森林とそれを支える森林土壌とは密接な相互関係の上に成り立っている。水源涵養機能は専ら森林土壌の働きであるが，それを担保するのは森林の存在であり，多様な生物が共生する生態系としての機能があればこそ森林も土壌も豊かで健全な状態を維持することができる。山に樹木が無くなれば，雨水の経路は三つ目の地表流ばかりとなり，降るたびに鉄砲水，降らなければ干ばつ，栄養分の補給がないので農地も海も生産性が悪くなり，地下水も含めて水に困るようになり人間生活に支障をきたす。森林を管理することは水を管理することであり，それなくしては豊かな社会生活を送ることはできなくなるのである。

●天然林と人工林の比較

日本では，統計上森林は天然林と人工林の２種類に分類される。天然林とは，自然に種が落ちるなどして生育した樹木からなる森林で，育成の最初の段階で人の手が加わっていない森林を指す。かつての薪炭林のように，伐採後に萌芽更新によって成立する森林も天然林（二次林）である。これに対して播種や苗木の植栽によって成立する森林を人工林と呼ぶ。初めから人の手助けによって造られる森林が人工林である。そしてこの人工林には，その後も成長段階に応じて下草刈りや間伐などの人為的な手助けが必要となる。

林業が行われるのは人工林だけとは限らない。たしかに日本ではスギ・ヒノキ・カラマツなどの針葉樹人工林を舞台とする林業が全国各地で行われているが，家具や床材などのために大きな広葉樹天然林を伐ったり，パルプ用に小径木を含む雑木林を伐る林業も行われている。また北欧やカナダなどでは針葉樹天然林を皆伐し，その後は天然更新に委ねるといった林業が普通に行われている。こうした林業は，熱帯林の無計画な伐採とは異なり持続可能な範囲で行われるものであり，日本でも増えすぎた人工林を減らす方策として皆伐後に放置して天然更新に任せるという施業も行われている。

次に，天然林と人工林との生態系における位置づけの違いについて考えてみよう。まず，生物多様性という観点では，日本のような温帯地域の場合，天然林には広葉樹を中心とする多くの樹種が存在し，動物や昆虫などの生物種の多様性にも優れている。これに対して人工林は単一樹種の場合がほとんどで，生物多様性という面では天然林に劣る場合が多いといえる。ただし，老齢の天然林とりわけ常緑広葉樹林の場合，一年を通して林床に光が届かないために下草が少なく土壌も薄く硬いというような状況が見られる一方で，伐採後まもない若い人工林では草原性の動植物が種数においても個体数においても豊富で非常に多様性に富むような場合もあり，一概に天然林が人工林に勝ると決めつけることはできない。また，亜寒帯の針葉樹天然林における生物多様性は概して低い。

土壌の保全機能を考えると，これは樹木の根の張り具合に大きく依存することから，天然林と人工林でそれほど異なるとはいえない。広葉樹でも，根を地中深くまで伸ばすものもあれば浅いけれども横に大きく広げるものもあり，こ

図 3-2　手入れ不足の人工林（筆者撮影）

れは針葉樹でも同様である。さらに，根系の大きさは幹の太さや樹高と相関することから，大きな木が存在する森林と小さな木ばかりの森林を比べたとき，表土の流失を防備する働きは同程度だとしても，土砂の崩壊を防備する働きは異なると考えることができる。スギやヒノキの人工林は広葉樹の天然林よりも土壌保全機能が低いといわれることがあるが，それは大きな樹木が存在する老齢の天然林と植林後 10 年や 20 年の若い人工林とを比較した場合の話であり，正しい比較とはいえない。人工林でも，十分に林齢の大きくなった手入れの良い森林であれば，天然林と変わらない土壌保全機能を有する。

水源涵養機能についても同様で，ここで重要なのは森林土壌の物理的性質（空隙の構造と多さ）である。それを規定するのは生物多様性の中でも特に土壌中の昆虫や微生物であり，人工林においては森林管理の状況に大きく左右されることになる。それゆえ，必ずしも天然林が優れているというわけではなく，あくまでその森林の状況がどうであるのかによる。

図 3-2 と図 3-3 は，いずれも著者が愛媛県内で撮影した約 20 年生のスギ人工林である。図 3-2 は間伐が遅れた手入れの悪い人工林で，林床に下草はほとんど無く，表土が流出したために根がむき出しになっている。これに対して図 3-3 は，手入れのよく行き届いた人工林である。林内は非常に明るく，下草が

図 3-3　手入れの良い人工林（筆者撮影）

旺盛に茂っている。同じ 20 年生のスギ人工林でも，手入れの仕方によってこれほどまでに状態は違ってしまう。当然，前者の森林土壌は貧弱で雨水を蓄える能力はかなり低く，後者ではふかふかしたスポンジのような土壌が沢山の水を吸収してくれるであろう。なにより，よく手入れされた人工林はとても美しい森林である。

4 森林を守る政策の重要性

●国際的な森林管理政策の迷走

森林のもつ多面的な機能を維持しつつ永続的に利用するような管理方法が望ましいことは誰もが認めるところであろう。しかし，現実には関係者すべてが納得するような形で森林をめぐる政策を推進していくことは非常に難しい。

地球温暖化や絶滅の危機に瀕する生物種を守るための世界的合意は 20 世紀終盤に作られた。これは，1992 年にリオデジャネイロで開催された国連環境開発会議（地球サミット）において，「気候変動枠組み条約」ならびに「生物多様性条約」として成立をみたもので，その後は毎年のように締約国会議が開催され二酸化炭素排出量の削減や貴重な生態系を守るための方策が話し合われている。1997年のCOP3（Third Session of the Conference of the Parties：気候変動枠組条約第3回締約国会議）で採択された京都議定書に基づき，日本は二酸化炭素を6%削減することになったが，そのうちの3.8%は森林整備によって相殺できるということで，全国的に間伐が急ピッチで進められたことは記憶に新しい。今では新エネルギーなどの温暖化対策は経済界では常識となってきている。

実は，リオの地球サミットではもう一つ重要な国際条約について話し合われていた。それが「森林条約」である。しかし，この条約は締結されなかった。各国の利害対立が激しく，森林管理についての世界基準の規制を作ることができなかったのである。その後，この課題は国連に常設された森林フォーラム（UNFF：United Nations Forum on Forests）で継続的に審議されているが，30年が経過した現在でも森林条約が締結される目処は立っていない。森林条約は温暖化対策に勝るとも劣らぬ重要性と緊急性を有しているはずだが，先進国と途上国の間に横たわる環境意識と資源ナショナリズムのギャップを埋める作業は遅々として進まない。残念ながらその間にも，熱帯林をはじめとする貴重な天然林の多くが失われている。

興味深いことに，この問題に対してもっとも実効性を伴う動きを示しているのが，林業会社と環境保護団体等が共同で仕組みを開発した森林認証制度である。持続可能な森林管理の原則・基準に即した森林経営を行う企業を第三者が認証し，そこから生産される木材製品にラベリングすることで市場での差別化を図るという民間ベースでのチャレンジである。日本においても，2000年代に入ってFSC（Forest Stewardship Council：森林管理協議会）やSGEC（Sustainable Green Ecosystem Council：緑の循環認証会議）などの認証を取得する企業や森林組合が徐々に増え，ロゴマークの付いた認証製品が販売されるようになってきている[2)]。

●日本の森林政策の弱点

日本の森林政策も迷走している。戦後の高度経済成長期に木材需給が逼迫した際，政府は木材輸入を解禁すると同時に国内の林業振興を進めるために林業基本法を制定した（1964（昭和39）年）。そして，小規模森林所有者や森林組合を林業の中心的な担い手と位置づけ，林業構造改善事業などを通して全国的に森林造成と木材生産を推進したのであった。しかし，国内林業は安価で安定供給が可能な外材に押されて衰退の一途をたどった。さらに悲惨なのは国有林で，積み重ねられた負債で特別会計制度は破綻し，予算と人員の大幅削減によって十分な森林管理ができない状況に追い込まれている。

林業は数十年にわたる長期的な営みであり，その政策にも長期にわたる一貫性と柔軟性が求められる。しかし，めまぐるしく変化する国際情勢の中で近視眼的な政策対応に追われる現代社会においては，数十年先を見通した政策を立案し，皆の理解を得てその政策を維持し遂行し続けることは容易ではない。また，森林所有者が人工林の管理を放棄するという問題も広がっているが，林業の採算性問題と同時に森林管理の長期性に対応した思考ができないことが大きな原因だと考えられる。これについても，中長期的な目標に向けた政策的誘導があれば良いが，なかなかそうした政策がとれないために場当たり的な補助金拠出ということになってしまいがちである。

林業基本法は2001（平成13）年に森林・林業基本法に衣替えをし，環境重視の森林政策へと転換した。しかし，ちょうどその頃から温暖化対策という追い風を受けて切り捨て間伐から収入間伐への転換が起こり，木材生産量は増加傾向に転じた。そして民主党への政権交代が行われた2009（平成21）年，政府は「森林・林業再生プラン」を打ち出し，林業を成長産業と位置づけて改革に乗り出した。政権は3年後に再び自民党・公明党の連立政権に戻ったが，木材生産はその後も伸長し，木材自給率は2002（平成14）年の18.8%から2019（令和元）年には37.8%にまで上昇している。しかし，ここでも長期的視野に立った森林造成の政策目標が立てられているとは言い難く，長伐期化を目指すのか，皆伐

2）FSCは地球サミットの翌年（1993年）に作られた世界初の国際的な森林認証制度であり，ヨーロッパ諸国を中心に1999年に創設されたPEFC（Programme the Endorsement of Forest Certification Scheme：PEFC森林認証制度相互承認プログラム）とともに拡大を続けている。2020年時点で，二つの制度の合計では5億ha（世界の森林面積の12%）を超える森林が認証を受けている。なお，FSCの日本国内での認証面積は約41万haである。2003年に日本独自の制度として発足したSGECは2016年にPEFCと相互承認の契約を締結し，国内の認証面積は約216万haとなっている。後述するように，愛媛県内では13の森林組合と民間企業等を含む「愛媛県林材業振興会議」が約5万haの森林においてSGECの森林認証を取得している（認証面積の数字はすべて2021年6月現在）。

を進めて法正林化を目指すのか，人材育成の目標をどこに設定するのか，増伐重視で多面的機能は維持できるのか，など不透明なままいたずらに製材工場の大型化やバイオマス発電の推進等が行われているのが現状である。そうした中，東北や南九州では過伐と再造林放棄の問題が既に顕在化しており，この動きは四国にも訪れつつある。

●森林を活用しつつ保全する政策を求めて

さて，ドイツやフランスを源流とする森林科学の分野では「予定調和」という言葉がある。これは，林業生産を目的としてしっかり管理を行った森林（主として人工林であるが天然林の場合もある）は，水源涵養や土壌保全などの多面的な機能も同時によく発揮することができるという経験的な理論である。

日本の林業政策でも，1964（昭和39）年の林業基本法ではこの考えに基づいた森林管理を目指していたが，今世紀に入り森林・林業基本法に衣替えをして多面的機能重視の森林管理を謳うようになり，予定調和の考え方は外されてしまった。しかし，この考え方は今でも有効かつ重要である。成熟期を迎えた人工林資源を長伐期化に移行させつつ持続的に管理するというのが「森林・林業再生プラン」以降の政策方針であるが，そうであればなおのこと予定調和の考えに基づく林業・山村振興に活路を見いだすべきではないだろうか。林業が上昇気流に乗って進展する今こそ，確固とした長期ビジョンをもつ日本の森林政策を築くべき時である。

林業が盛んなオーストリアなどの中部ヨーロッパの国では，森林官という資格と森林管理計画の法的制度が整備されている。一定面積以上の森林を所有する者は必ず森林管理計画を立てねばならないが，それは資格をもった森林官によらねばならない。それゆえ，ある程度大きな企業や団体は自前で森林官を雇用しており，そうでない場合はコンサルタント契約をして森林官に計画を作ってもらう必要がある。日本にも森林法に基づく森林経営計画の制度は存在するが，彼の地との違いは計画の厳密性と実効性である。

オーストリアでは，森林管理計画は確実に実行すべき指針であり，5年計画に書かれている通りに伐採をはじめとする森林施業をしなければ処罰を受けることになる。こうした制度設計は法的にも古くからあるもので，例えていえば森林官の資格は医師や一級建築士の免許のようなものといえよう。かなりの勉強と実務経験を経て資格を取った者だけが森林管理計画を立てることを許されるのである。さらに，その森林管理計画は建築基準法に則った住宅の設計図のようなもので，これを逸脱した建造物を建てることが法的に許されないのと同様に，森林管理計画も計画通りに各種の施業を行うことが義務づけられている。それゆえに，オーストリアでは毎年の木材生産量が予測可能でありまた安定している。同国の森林面積は約400万haと日本の1/6以下であるが，年間の木材生産量は約2,000万m^3と日本の2/3程度である。そしてなにより，森林の管理が行き届いており，多くの人々が林業・木材産業に従事し，また森林を暮らしの中に取り入れた生活をしているところに特徴がある。さらに，木質バイオマス利用においても先進的である。

持続可能な森林の管理の実現には，このような制度的枠組みを整えることが重要である。そうする中で，長期的に健全で生産性が高く，かつ水源涵養機能をはじめとする多面的機能を強く発揮できる森林が形成されていくのである。今後の日本の森林政策が目指すべき方向はそこにあると考えられる。この方向性は，地方分権や過疎対策とも親和的であるといえよう。

 西条市の森と農を知る

●西条市における森林と林業の現状

図3-4に西条市における森林と農地の分布を示す。市域の南部と西部のほとんどは森林で，北部海岸沿いの平野部には農地が多い。西条市は総面積5万998haのうち森林面積が3万5,478ha（69.6%），水田が5,238ha（10.3%），畑地が2,119ha（4.2%）となっており，森林面積率・農地面積率ともに全国平均をやや上回る自然と田園が豊かな土地といえる。さらに，西日本最高峰の石鎚山（1,982m）をはじめ1,800m級の高峰を5座も抱える急峻な地形が特徴であり，冬場の降雪をはじめ年間を通して降水量も多い。

森林の所有形態別面積をみると，国有林が7,281ha（森林全体の20.5%），民有林が2万8,197ha（同79.5%）となっており，民有林の内訳としては愛媛県有林が1,249ha，西条市有林が1,605ha，そして個人や会社などの私有林が2万

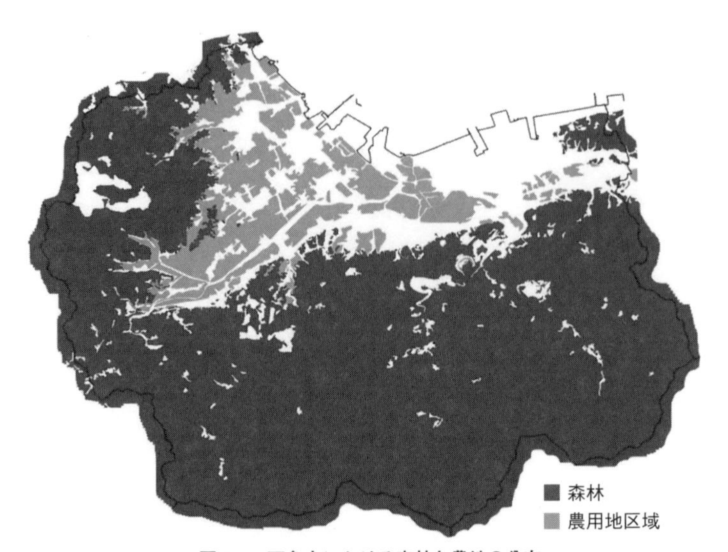

図 3-4　西条市における森林と農地の分布
（国土交通省国土政策局国土情報課の国土数値情報より QGIS を使用して筆者作成）

3,149ha などとなっている。このことから，森林の大半（約 65%）は私有林となっていることがわかる。

次に，自然に成林した天然林であるのか，人の手によって造成された人工林であるのかの種別の違いをみると，石鎚山系の脊梁部分など高山地帯に多く分布する国有林では天然林が優勢[3]（58.2%）であるのに対し，比較的低い山地に多い民有林では逆に人工林率が 70.8% と高くなっている。人工林として造林される樹種はスギとヒノキがほとんどであり，面積的にはスギが過半数を占めているが，近年では材価の高いヒノキが好んで植えられる傾向にある。その他の造林樹種としてはアカマツやクヌギがあるが，いずれも小規模といえる。また，天然林においては，シイやカシなどの常緑広葉樹およびナラやシデなどの落葉広葉樹を中心とする多様な樹種が密生する森が形成されている。さらに標高の

3）ここでは，西条市を中心とする東予流域の国有林における数値を用いている。愛媛森林管理署ホームページによれば，東予流域における国有林面積は四国中央市 1,941ha，新居浜市 84ha，西条市 6,938ha の合計 8,963ha であり，このうち天然林面積が 5,220ha（58.2%），人工林面積が 3,351ha（37.4%），その他が 392ha（4.4%）となっている（愛媛森林管理署，2020）。

図 3-5　石鎚山山頂付近の天然林（筆者撮影）

高い山岳部では，モミやブナなどが優先する森林となり，下層にはササが多くなる。

以上のように，西条市では国有林よりも民有林が多く，その民有林においては人工林率が極めて高いことから，森林全体をみても人工林率は約 65%となっている。すなわち，地下水資源の供給源としてもっとも重要視して守らなければならない対象は，スギ・ヒノキの人工林ということになる。そして，人工林を守るということは，言葉を換えると適切に手を入れ続けるということにほかならない。3 節でもみたように，人工林であっても成長段階に合わせて適切に間伐などの施業を行い，光環境を良くして下層植生の繁茂する健全な森林を作ることができれば，天然林にも劣らない良好な国土保全機能と水源涵養機能を発揮することができる。それゆえ，ここでは森林管理における林業の重要性を強調しておきたい。

そこで，目を林業の現状に転じてみよう。愛媛県は南予地域を中心としてヒノキの丸太生産量が多く，全国でもトップクラスである。さらに，久万高原町を中心とする中予地域は優良なスギの産地として有名であり，総じて林業が盛んな県といえる。しかし，そうした愛媛県の中にあって，西条市をはじめとする東予地域はあまり林業が活発とはいえない。2017（平成29）年8月に作られた『西条市地下水保全管理計画』においても，この問題には言及されている。

西条市における年間の素材生産量は10,506m^{3}であり，森林面積1ha当たりの生産量は0.30m^{3}となっている（2015（平成27）年）。これは，同年の全国平均値0.78m^{3}の4割弱であり，愛媛県の平均値1.15m^{3}と比較すれば1/4程度でしかない。地形や立地条件等の不利さを考慮したとしても，西条市における林業活動が低迷していることは否めないが，このことは森林の人為的管理が十分ではないことを示唆するものであり，地下水問題を考える上での大きな懸念材料といわざるを得ない。2012（平成24）年度からの10年計画である「西条市森林整備計画」においても，森林整備の遅れた高齢級林分が増加していることが指摘されている[4]。

人工林において間伐などの手入れが不足すると，下層植生が貧弱になり表土の流出が早まる。土壌構造も空隙の少ないものとなり，水源涵養力が低下して災害の危険性も高まる。将来にわたって地下水に恵まれた西条市であり続けるためには，人工林の適切な管理を保証するような制度的枠組みを作り，林業を活性化させ，山に人の手がしっかり入るようにしなければならない。地球規模の気候変動の影響で大型の台風や記録的な豪雨が増加傾向にある中，市街地の上流部に位置する森林の整備は社会的にも重要性の高い課題であるということができよう。

●西条市の農業と地下水

昔から地下水に恵まれてきた西条市には水田が多く，農業は重要な産業の一つとなっている。林業とは異なり，西条市の農業は愛媛県内でも上位にあり，水稲・裸麦・大豆・ほうれん草・にんじん・きゅうりなどの作付面積および収穫量は県内1位となっている。とりわけ，農地の9割が水田であり，米作りが

---

4)「西条市森林整備計画」の冒頭部分には，「人工林のうち，約9割が，伐期を迎えつつある森林や長伐期施業を必要とする36年生以上の林分となっており，これらの森林に対する適切な間伐等の森林施業が重要な課題であるが，林業の採算性の悪化や不在村者の増加などにより森林整備が遅れ，水源涵養機能や国土保全機能が十分発揮できない森林が存在するようになっている」と記されている（西条市，2014：1）。

盛んであるということが大きな特徴といえる。

さて近年，全国的な傾向として良好な水環境の形成と里地・里山の生態系を守る中心的な存在として水田が見直されている。カエルが鳴き赤トンボが舞うのどかな田舎の風景が失われつつある中，農業を基盤とする人間生活と二次的自然との調和が保たれていたかつての農村空間の生態的価値が見直されている。

2節で取り上げた日本学術会議の答申によれば，農業の多面的機能には，「洪水防止」「河川流量の安定」「地下水涵養」「水質浄化」などの社会貢献機能があるとされている。具体的にいえば，水田などが一時的に大量の水を貯留することでダムとしての水流調節の働きがあり，さらには地下へのゆっくりとした浸透によって水の濾過と地下水脈への水の供給機能をもつということである。また，森林と同様に「土砂崩壊防止」や「土壌浸食防止」の機能もある。これは，棚田や段々畑の働きを考えれば容易に理解できよう。

また，2000（平成12）年から開始された国の補助金制度として，中山間地域等直接支払制度がある。これは，急傾斜地や小区画の田畑など不利な条件にある地域で耕作を続ける農業者に対して集落単位で交付金が支払われるというものである。その目的は，主として耕作放棄地対策であり，農業生産の維持を図るとともに農地の多面的機能を確保することが目指されている。こうした新しい政策からも，農地のもつ多面的機能の重要性が社会的に認知されてきていることがわかる。

さて，地下水という視点から農地をみた場合，重要になるのは地下水涵養機能である。日本の多くの地域では，ため池や河川の水を水田に引き込むため，そこから地下に浸透する水は地下水を涵養する（増やす）働きをもつことになる。ところが，西条市の場合は，うちぬきの地下水を田んぼや畑に利用してきたという長い歴史があり，これは逆に地下水を増やすのではなく減らす行為にほかならない。さらに西条市では地下水を生活用水としても利用しているが，農業用水も生活用水も利用後は排水となって公共下水道から浄化センターを経由して，あるいは用水路や河川を通って海に流れ出ることになる。ここで問題となるのが，汲み上げられた地下水が再び地下へは戻らないということである。

そこで注目されているのが，冬場の田んぼに水を張る「冬期湛水」という農法である。これは，翌春から夏にかけての雑草の抑制や水田生態系の維持増進

図 3-6　加茂川左岸うちぬき公園に湧き出す地下水（筆者撮影）

などの目的で行われてきたものであるが，地下水の涵養という働きにも注目が集まっている。たとえば，飲料水のほとんどを地下水に頼る熊本市や豊富な湧水で有名な福井県大野市などでは，地方自治体が中心となって冬期湛水を推進している。また，冬場に水を張った田んぼは渡り鳥の絶好の餌場となるため，多くの冬鳥を観察できるというような付加価値も生まれている。

冬場だけでなく，春や夏においても水田の水をできるだけ用水路に排出せず地下に浸透するような仕組みを設けることで，地下水に及ぼす良い影響は大きくなる。節水はもちろん大事だが，使った後の水をどこへどう流すのかに留意することで効率的な水循環を創り出すことができるという点から，農業と地下水のあるべき姿を考えていくことが求められている。森林の大きな水源涵養能力と比べると限定的な効果ではあるものの，水田における水の管理は人為的な操作が可能であり，また人々の暮らしに近いゆえに努力が目に見えるという利点もあり，農業振興政策と連携して積極的に推進していく価値があるものと考えられる。

●森林と農業の多面的機能の貨幣評価から考える

農林水産省では，全国の森林および農業がもつ多面的機能に関する貨幣評価の試算結果を公表している。これは，森林土壌や水田等がもつ土壌の保全や水源涵養といった働きについて，ダムや堰堤の建設費用や維持費用，山腹工事費用等に置き換えて計算したものである。そのほか，二酸化炭素の吸収や気温の調節，保健・レクリエーション機能についても貨幣評価がなされているが，ここでは土壌保全と水資源にかかわる評価項目のみを表 3-1 に示す。

これらの数値はいずれも 1 年間に生み出される価値を示しているが，非常に大きな金額であることに驚かされる。それぞれの機能の評価方法が異なり，また評価可能な指標にも限界があるため，これらの評価額の合計値の意味はそれほど重要ではないとされているが，敢えて合計をしてみると森林の機能が 66 兆 5,440 億円，農業の機能が 5 兆 8,258 億円となる。2017（平成 29）年度の国家予算の一般会計における一般歳出額 58 兆 3,591 億円と比較してみても，これらの貨幣評価額の重みが感じられよう。

さらにこの評価額を愛媛県ならびに西条市のレベルで考えてみよう。全国の森林面積 2,508.14 万 ha に対し，愛媛県の森林面積は 40.11 万 ha（全国の 1.60%），西条市の森林面積は 3.55 万 ha（同 0.14%）である。農地面積では，全国の 454.90 万 ha に対し，愛媛県は 5.26 万 ha（1.16%），西条市は 0.74 万 ha（0.16%）である。面積比率にしたがって森林と農業の機能価値を計算してみると，愛媛県の森林が土壌と水に関して生み出す貨幣価値は年間に 1 兆 647 億円，農業では 932 億円となる。また，西条市では，森林が 931 億円，農業が 93 億円となる。

表 3-1　森林と農業の多面的機能の貨幣評価

（農林水産省ホームページをもとに筆者作成，原典は日本学術会議（2001）および三菱総合研究所（2001））

評価対象機能	森林	農業
表面浸食・土壌浸食の防止	28 兆 2,565 億円	3,318 億円
表層崩壊・土砂崩壊の防止	8 兆 4,421 億円	4,782 億円
洪水の緩和・防止	6 兆 4,686 億円	3 兆 4,988 億円
水資源貯留	8 兆 7,407 億円	（評価なし）
地下水涵養	（評価なし）	537 億円
水質浄化	14 兆 6,361 億円	（評価なし）
河川流況安定	（評価なし）	1 兆 4,633 億円

2017（平成29）年度の愛媛県予算は8,247億円（一般予算・特別予算・企業会計の合計額），西条市予算は779億円（同）であるから，やはりここでも森林と農業が土壌や水に関して生み出す環境価値は地方自治体の年間予算よりも規模が大きいことがわかる。

近年，私たちを取り巻く自然環境が人間社会に与えてくれる様々な価値は「生態系サービス」と呼ばれている。新たな経済学的手法が応用され評価分析が進むにつれて，生態系サービスの金銭的価値は上がり続けている。ここに示した森林と農業の貨幣評価もその一例である。もちろんこうした評価は実際の市場価格ではなく仮想的なものに留まるという批判はあるが，自然環境の重要性を見える形にするという意味では一定の意義があろう。

ただし，そもそも人間を含むすべての生物が存在できるのは地球という自然環境が所与のものとして存在しているからであり，人類あるいは別種の高等生物がどれだけ進化しても地球を創り出すことはできない。そういう意味では，自然からの恩恵を貨幣価値などに置き換えることは不可能で意味のないことである。あるいは，計算すればするほどその価値は無限大になっていくと言い換えることができようか。大切なのは，私たちが森林や農地を含む自然環境のかけがえのなさをしっかりと認識して日常生活を送るということであろう。

 地下水保全対策として森林を適切に管理する

●地域公水と森林

それでは，森林を守るためには今後どのような政策が必要なのであろうか。その前に，「西条市地下水保全管理計画」において提唱され，本書でも詳しく解説されている「地域公水」の概念を確認しておこう。そこでは，地下水は市民が共有する公共性の高いものであり，市町村などの公的機関が責任をもって管理し保全するべき対象であるという了解がある。そのうえで，地下水の恩恵にあずかる市民も自治体の定めた条例などのルールに従い，共同で地下水の保全に参画する必要がある。そうして，地上の土地所有権とは分離したものとして，地下水を河川水や湖沼水と同様のものとして取り扱っていこうというのが地域公水の考え方である。

地下水はみんなのものというイメージは，たとえばこんな風に考えることができるのではないだろうか。地表を流れる河川は一定の幅をもつ線として捉えることができるが，地下水が存在する地下水脈は，線ではなく面として広がっている。つまり，地下水脈は地下の川ではなく地下に広がる湖であると考えればわかりやすい。そして私たちはその湖の上に覆い被さるように浮かぶ島の住人であり，そこから島の地面に穴を掘って湖の水を得ている。そう考えれば，地下の湖は地上の土地を所有する個人の私物などではなく，島という地域が共有する資源であると素直に考えられるのではないだろうか。

そして次に，その湖への水の供給源について思いを馳せてみよう。いうまでもなく，それは後背山地に降る雨水であり，西条平野の場合では石鎚山系からの，周桑平野の場合は高輪山系からの伏流水ということになる。ただし，その水のほとんどはいったん森林土壌に蓄えられた水であり，森林の存在がなければいくら雨や雪が降っても地下水はやがて枯渇してしまう。そう考えると，地下水湖への水の供給基地は雨水を一時的に蓄え時間をかけて下流へと流してくれる森林土壌であり，そこに停留する水もまた地域公水であると定義することができるのではないだろうか。実際，西条市が地下水に恵まれているのは，西日本一高い石鎚山系のお陰で降水量が多く，山を覆う豊かな森林のお陰でその水がしっかり保たれるという好条件が揃った結果である。これは本当に貴重なことである。

西条市では，地下水を地域公水と位置づけてその保全管理を行っていくことになった。しかし，その概念をさらに広げて，上流の森林保全にまで踏み込んだ施策を実施することが望ましい。下流での地下水利用の管理が軌道に乗ったとしても，山からの地下水供給が十分でなくなればすべての努力は水泡に帰してしまう。それゆえに，今後求められるのは森林政策を地下水政策と一体的に考えて計画立案するということである。そこでは，縦割り行政の壁を破る必要があり，また山間部の住民と平野部の住民との協働も必要になろう。これまでのように，単に林業補助金を出して間伐を促進するというだけではなく，将来にわたって豊富な地下水が確保できるように継続的に森林に手が入り，より良い森林土壌作りが推進されるような施策が求められる。そのためには，地下水と同様に森林（とりわけ森林土壌とそこに蓄えられる水）も私物ではなく公共的な財であるという共通認識が必要となってこよう。

●環境政策を超えた総合産業政策としての林業振興を

「予定調和」の考えによれば，林業を活性化させることが多面的機能（地下水源の涵養）の向上に直接結びつくのであり，地下水保全の方策の一つが林業支援ということになる。農業のところでも，農業振興政策と地下水保全政策との連携の重要性を述べたが，森林政策と地下水保全政策の関係ではさらに密接な連動性が求められる。そしてその理論的根拠は，地域公水の供給元である森林への人的・財政的支援を林業を通して行うことは極めて実効性の高い施策であるということである。さらにこのことは，西条市の7割を占める森林に眠る資源の有効活用や新たな雇用創出など，多くの経済的なメリットを生み出すことに繋がるはずである。

西条市において特筆すべきは，加茂川水系と中山川水系のほぼ総てを市域内に有するという類い希なる立地条件である。たとえば，東京都は明治時代から多摩川上流の山梨県丹波山村・小菅村の森林を水源林として直接管理しており，神奈川県横浜市は大正時代に山梨県道志村の森林を購入して管理を続けている。そこでは，都民あるいは市民の税金を他の自治体内の森林に投下するという少しいびつなことをしてまで水源林の維持増進を図っているわけであるが，水道水の安定的な確保のためには当然の経費であるという社会的な合意が存在している。

ところが，西条市の場合はすべてを市内で完結することが可能である。しかも，通常であれば河川の上流や中流に位置する市町村は，その下流にある自治体の住民のために水を残さなければならないが，西条市の下流には瀬戸内海の燧灘（ひうちなだ）があるだけなので，すべての水を市民が利用しつくしても構わないという構図になっている。これほどまでに恵まれた条件があるだろうか。

西条市では，2014（平成26）年度から「水源の森整備事業」として，渓流沿いの森林の整備を行っている。また，人工林に対する間伐などの施業や林道・作業道の開設に対する補助事業も行ってきている。しかし残念ながら，十分な管理がなされていない人工林が県内の他地域と比べても多く，施業の集約化による木材生産活動も軌道に乗っているとは言い難い状況にある。水資源に恵まれた土地柄であるがゆえに，その上流の水源林保全にあまり頓着してこなかったのかもしれないが，これだけ美味しい地下水が豊富にあるということや，それを与えてくれる地理的・自然的に有利な条件が揃っているということをあらためて確認する必要があろう。そして，その貴重な地下水が質的・量的に少し危機的になりつつあるという現状を共通認識とすることができれば，有効な方策を打ち出すことはそれほど難しいことではないだろう。

間伐手遅れの人工林に対する政府の補助金政策は，森林の多面的機能を増進することを第一義とする環境政策である。しかし，より積極的な産業振興政策としての林業への支援政策，たとえばインフラ整備や人材育成への財政投入が求められている。「森林・林業再生プラン」以降は全国的にこの方向に歩み出しているようにもみえるが，施業の集約化（団地化）や製材工場の大規模化ばかりが目立ち，特定地域に傾斜した予算配分が気になるところである。その結果，愛媛県でいえば林業が盛んな久万高原町などには補助金や民間資金が集中するけれども，林業への期待が薄い西条市などは取り残される傾向にあるといえる。

こうした状況を踏まえて，地下水保全を重視する西条市ならではの森林・林業政策を考えるならば，小規模でも持続可能な林業経営を続けられる体制の支援が一つの解決策になろう。高知県などを起点に広がりを見せる自伐林業は一つのモデルである。西条市と新居浜市をカバーするいしづち森林組合を盛り立てるのはもちろん，林業に参入したい若者をターゲットとした林業会社の設立支援や山間部へのUIターン者の定住促進など，特色を打ち出した林業施策を地下水保全の一環として実施したいところである。水を守るために森林に手をかける必要があることを考えると，西条市の上下水道を管理する環境部に森林整備課のような組織（実働部隊）を設け，農林水産部と協力しながら市内の民有林管理に人的支援を含めた行政支援を行うなどの斬新な施策があっても良いのではないだろうか。

また，コスト面で現在では敬遠されがちな架線集材の技術継承も重要となる。急斜面の多い石鎚山系での林業と森林保全にこの技術は欠かせないものであり，それに対して相応の助成をすることには十分な合理性がある。2016（平成28）年12月にいしづち森林組合を含む愛媛県下13の森林組合を中心とするグループはSGEC森林認証を取得したが，こうした新しい森林管理の取り組みを広く市民にアピールすることも重要である。架線集材は林道敷設などに比べると環境負荷が非常に少ない施業方法であり，森林認証の考え方とも一致する。さらに，林業と有機農業やエコツーリズムなどとを絡めた起業企画などを募集し，大都市圏の関心（人・物・金・情報）を集めるということなども考えられよう。

山に人が住み，その生業として森林に手が入ることで良い土壌が作られ地下水が涵養される，というのが理想の形である。森林の多面的機能を守るためだけにお金を使うのではなく，地域振興・林業振興を進める中で森林が整備され地下水が守られるという好循環を作り出すことを目標としたい。中長期的にそうした状況が作り出されることを目指した，行政横断的な総合的政策こそが真に持続可能な地下水保全につながる道なのではないだろうか。

引用・参考文献

愛媛森林管理署（2020）.「愛媛の国有林　令和2年度」

西条市（2014）.『西条市森林整備計画』

日本学術会議（2001）.「地球環境・人間生活にかかわる農業及び森林の多面的機能の評価について（答申）」〈http://www.scj.go.jp/ja/info/kohyo/pdf/shimon-18-1.pdf〉（2020年10月20日確認）

農林水産省ホームページ〈http://www.maff.go.jp/j/nousin/noukan/nougyo_kinou/〉（2020年10月20日確認）

三菱総合研究所（2001）.『地球環境・人間生活にかかわる農業及び森林の多面的機能の評価に関する調査研究報告書』

4章

地域公水論と地域地下水利用秩序

小川竹一

「公共物（水）」としての地下水

本章では，住民の「共有財産」である地下水に関して，自治体がどのようなとの権原と責務を負うのかを論じる。

地下水を保全しようとする自治体の条例では，地下水を「公共の水」という規定を置くものがあり，さらに，水循環基準法において，地下水を「公共性の高いもの」としているように，地下水の公共性を認めることは，共通の認識になっている。さらに，地域の「共有の財産」などと規定する条例もある。これは，法的な権利として明確化できないが，地域住民が地下水資源に対して保護利益を分け持っていることを示そうと意図するものであろう。

「共有の財産」のような概念は，経済学の「公共財」あるいは環境資源論での「コモンズ」などと重なりあう部分のある概念ではあるが，法学的特質がいまだ十分には明らかではない[1)]。地下水の法的性格規定が法学的意義をもつためには，取水行為の規制，自治体の地下水保全ルールの明確化などの正当性を示す法的根拠となるものでなければならない。

このためには,「共有財産」ということの意味について，単なる比ゆ的な表現にとどまらない，法律論として位置づけを行うことが必要である。地下水の法的性質については，土地所有者に権利があるとする「私水」論と，行政の管理権の下にあるとする「公水」論とが理論的には，対立していた。大審院判決に裏打ちされた行政実務では,「私水説」が取られてきたが，下級審判決では徐々に，地域住民全体の資源であるとの認識が生まれてきていたり，自治体条例では，明確に「公水」と規定する例が出てきていたりしている[2)]。

表流水と地下水とに共通する流動する水としての物理的属性と，水資源は，住民の生存や経済活動に不可欠の共通財としての属性とに加え，地域的な個別

1）三好（2016：209）は，水循環基本法が「共有財産」と規定するが，民法上の共有とは異なり，むしろ入会権の「総有」概念に近いとする。近年，コモンズ論で自然資源を「総有」論として捉える論調があり，それとは共通性のある捉え方である。法学上の総有は，入会権「総有」であり，一定の集団構成員のみ属する排他的権利である。地下水の法的性質への適用は慎重を要する。

2）自治体の条例の流れについては，小川（2004）を参照。

性に応じた利用と管理の必要性の認識から出発しなければならない。特定の者の独占が許されない自然物が，私的な所有の対象とならない「公共物」として扱われる法制度があった。これは，ローマ法を経て，フランス民法へ，それを参酌した明治22（1892）年制定の旧民法典に受け継げられた。旧民法財産編25条は「公共物トハ何人ノ所有ニモ属スルコトヲ得ズシテ総テノ人ノ使用スルコトヲ得ルモノヲ謂フ。例エハ空気，光線，流水，太陽ノ如シ」と規定した。旧民法は，政治的な対立から，施行されることがなく，これに代わって制定された現行の民法は，この規定を置かなかった。このため，民法207条の土地所有権規定「土地所有権は法令の制限内においてその土地の上下に及ぶ」に依拠して，地下水の帰属を土地所有者にあるとする司法判断の流れが生まれた[3)]。

河川流水については，明治29（1899）年制定の旧河川法で，「公共物」概念が部分的に受け入れられ，河川法2条2項は，河川水は，私的所有の対象とはならないとした。地下水と河川水とは分断して捉えられることになった。

地下水については，流動している水であることの認識が十分でなく，土地に滞留していて土地の構成部分であるとして土地所有権の一部であるとされていたのである。今日においては，河川流水と同じく，地下水が「無主物」であり，「公共物」であることから，論理を組み立てなければならない[4)]。

河川法では，河川流水は，無主物であるが，河川管理者の公物管理権の及ぶ「公共用物」として，生活用水だけでなく農業用水，工業用水など全体的な公共のために，河川水の取水は，厳格な許可制（「占用許可」による許可水利権の設定，河川法23条）のもとにおかれる。住民（沿岸者）の「自由使用」は，家事用水程度の使用に限られると解されている[5)]。

これに対して，地下水は，行政解釈や大審院判決において，土地所有権の一部と解されてきたので，土地所有者の自由な使用にまかされてきた歴史が長かった。この状況から，全住民が「自由使用」の利益をもつ，本来の「公共物」

3）戦前の判決の動向については，小川（2003：9）を参照。

4）土地所有者等が地下水を取水できる根拠については，地表の土地の所有権その他の権原に基づき，公益に支障を及ぼさない限りにおいて，地下水盆内に存する地下水を優先的に採取，利用できる用益権と解することが適切であり，地下水自体に所有権が及んでいると考える必要はない（三好，2014b：34）。

のあり方への転換を進めるための理論化が必要となっている。

地下水の法的性質を全住民の「自由使用」論を基礎に置くことから出発すると，三つの課題が出てくる。

第一は，土地所有権との関係である。地下水利益を土地所有権から派生するものでないとすると，その地下水利益の法的性格をどのように規定するのか。

第二は，地下水取水者の「自由使用」は公共的制限を受けるとしても，その法的利益はどのような場合，どの程度まで保護されるのか。

第三は，地下水を直接使用できない住民にも「自由使用」利益を地下水に関わる法システム全体の中で，どのように実現すべきなのか。

この三つの課題は,「私水」か「公水」かという対立を超える問題を含んでいる。この三つの問題を整合的に解き明かす構成が必要である。

 地下水の「私水論」と「公水論」の限界

行政実務は,「私水論」の立場に立ち，地下水は土地所有者の権利に属するものと扱われ，判例もその制限は，権利濫用にあたる場合に限るとしていた。ようやく，1960 年代後半から下級審の判決例の積み重ねや，各地の地下水取水の規制を定めた条例の制定により，限定的ではあるが，令の制限に服することが当然になった。

「私水論」も変化し，あるものは，民法 207 条は土地所有権の自由に行使できるが，例外的に法令による制限を受けるとの規定につき，水循環基本法が適用され，地下水の健全な循環の維持を図るための規制も正当化されるようになったとする。だが地下水採取を土地所有権に付随する権利とすることに基礎をおいているので，自治体条例による新規取水の原則禁止や，取水の負担金賦課などの強い規制・管理について認めることができるのか，公水論とは相違が出て

5）行政法上，河川は，道路，公園などと同じく「公物」とされ，国又は地方公共団体により，直接に公の目的に供される個々の有体物で，目的を達成するために特別の法的扱いを必要とするものをいう。また,「公物」の中で，一般公衆の共同使用に供されるものを「公共用物」とされ，河川，道路などである。河川法法令研究会（1999：74)，また小川（2003：32）を参照。

くる可能性がある。なによりも，地下水の法的性質について法システムの基礎となる論理を備えることができるか疑問がある[6]。

「公水」論は，河川法と同様に，地下水取水は，土地権利者の自由使用が許される範囲を超えるものには，公共的な制約が及ぶのは当然であるとするものである。「公水論」適用論に対しての批判論は，地域ごとに地下水をめぐる状況は異なり，全国的に河川と同様の水準で管理を行うことはできないし，管理瑕疵責任が追及されるリスクもあるとする。公水論をとったとしても河川と同様の管理瑕疵責任が課せられるかは疑問であるが，河川法「公水」論を地下水に適用して「公水」として規定すると，河川公水論と地下水公水論とを，どこまでパラレルに捉えるのか問題となる[7]。また，自治体が条例において「公水」と規定することには，まだハードルがあり，中央行政庁からのチェックや，規制に対する訴訟が提起されたとき，過度の私権侵害ととられないかとのおそれがあるようである。

このような「私水」と「公水」論の対立があるなかで，条例の中には，地下水を「共有財産」などと規定し，学説も「共有水」とか「総有」などと論じて，地下水資源の自治体管理にふさわしい法的性格を宣言しようとする動きが見られるようになってきている[8]。

地下水資源が全住民のための利益であることを前提にしているのかという観点から検討すると，「私水」論では，地下水使用権をもつのは土地所有者に限定され，土地の権利をもたない住民は，地下水源に対する固有の利益はない。「公

6）宮崎は，公水私水の区分ではない水循環に適った性質規定が必要とする。「地下水のコア部分には公共性があり，土地の私的支配の領域に水が到達したとき土地所有権の私権性が覆い被さる」とする（宮崎，2015：69）。批判として，小川（2016：15–16）を参照。

7）阿部泰隆は，「この地下水取水権が所有権そのものではなく，河川の沿岸の者の取水権なり河川水の自由使用と同じということであれば．取水権をコントロールするのは公共であることになり，土地所有者には，余剰の水しか取水する権利がないという結論になる。これは，地下水の採取の規制の根拠・限界論に大きな影響を与える」と述べる（阿部，2017：253）。河川法で認められる「自由使用」は，家事使用の範囲にとどまり，流水の排他的継続的使用は，河川法23条の占用許可（特許）を受けなければならない（河川法法令研究会，1996：76）。

8）私水説と公水説の内容については，小川（1998：313）を参照。

表 4-1　地下水の法的性質比較表

（修正された私水論は宮崎（2015），河川法的公水論は阿部（2017）を参照し筆者作成）

	地下水の法的性質	財としての性格	取水権原	取水権の制限と取水の許可の性質	自治体管理の根拠
修正された私水論	土地所有権の一部	私財と公共財の二重性	土地所有権の行使	権利濫用（民法 207 条）・水循環基本法に基づく制限	
河川法的公水論	無主物＝公共物	公共財	自由使用（他人に迷惑をかけない範囲）	公水であるから当然に制約できる 許可（特許）	行政上の公物管理権原
地域公水論	無主物＝公共信託物	公共財	自由使用	地下水収支に影響を与える場合等→許可	住民からの信託を実現するための管理権原

水」論は，どうか。河川法は，住民の「自由使用」利益は，沿岸者の家事用水取水など極めて限定的にしか認められず，流水の取水は，基本的には許可水利権の設定を受けなければならない。地下水に「公水」論を適用するときには，「自由使用」の範囲を広く解することになろう。だが，地下水源の「公物管理」を前提とするので，全住民のための利益実現という観点からの地下水法システムの構築とは異なる方向である。

「共有財産（水）」論は，地下水資源を住民全体のものとする志向をもつものである。だが，理論構成の点で，共有という表現を文字とおりに解すると，地下水は流水であるので所有の対象とならないことと矛盾する。また，自治体の管理・規制権原の根拠を示すには不十分である。土地所有者と非土地権利者とが等しく分け持っているという根拠はどこにあるのか，法的概念としての「共有」にはふさわしくない。

本稿は，「公水」論と同様に，地下水利用と土地所有権とを切り離して捉えるが，河川法的な公物管理論とは，異なる捉え方を示すもので，住民誰もが地下水を「自由使用」利益をもって，これを実現することが自治体の責務であるとする。そして本稿は，自治体は，住民から地下水に対する保護法益の管理を受託し，自治体は地下水管理について地域の合意をもとに，規制権原を及ぼすことができるとするもので，その法的性質を「地域公水」として論じる[9]（表 4-1 参照）。

9）「地域公水」論については，小川（2016）参照。

 地域公水論

1節で述べたように「無主物」の法理は，万人にとって必要な自然資源について，すべての人が自由使用利益をもつことを理念的に示すものである。地下水資源が自治体により水道などの水源になり，地域住民全体の資源であるなど，「公共性」があるものと認識されている。土地所有とは無関係に，地下水には直接にアクセスできない住民も，地下水に対する固有保護利益をもち，自治体は，この利益を実現して，生活用水を供給すべき責務を負っているとすることができる。「地域公水」論は，これを核にして構成する。

河川法にみる「公水」論は，河川という公共物の「管理権」（河川法1条）と結びついている。これに対して，「地域公水」論は，住民誰もがもつ「自由使用利益」を住民から信託された自治体の責務に基づく管理権原として構成する。

河川法公水論は，取水について自由使用の範囲を相当狭く限定し，公物管理権に基づき，国家法による一律の基準のもとに，許可水利権の設定によらなけ

表 4-2　条例における許可条項の比較

条例等	地下水属性	許可基準
地下水保全法原案		15条2項・・基準を満たさない場合には許可してはならない。使用の用途に必要な水量を超えた過剰な取水にあたらず，かつ当該地域の地下水水位を低下させたり，地下水障害をもたらすおそれがないこと ②，地下水保全団体が定める地下水採取基準に適合していること，③，その他公益を害するおそれのないこと（25条）
熊本県条例	・地域共有の貴重な資源 ・公共水	重点地域（熊本地域）において取水機吐出口断面積 19cm^3 以上を設置する場合は許可を受けなければならない。→「いちじるしい地下水位の低下，塩水化，地盤沈下を」もたらす恐れがある場合以外は，許可しなければならない。灌漑用取水は許可を要しない。（25条4項）
熊本市条例	公水（市民共通の財産としての地下水）	地下水採取者は，使用の用途に必要な量を著しく超えて採取する等地下水の過剰な採取をしてはならない。（21条1項）
秦野市条例	・市民共有の貴重な資源 ・公水	土地所有・占有者は，井戸を設置することはできない。ただし，市長の許可をうけた場合は設置できる。（施行規則19条（1）水道水その他の水を用いることが困難なこと。（2）その他井戸を設置することについて市長が特に必要と認めた場合（39条）

ればならないことになる。地下水を公水として捉える立場では，地下水の特殊性を踏まえた具体的な論議の展開が必要となる[10)]。

地域公水論は，全住民の「自由使用」利益を実現するために，自治体が管理・規制権原をもつことを核とするもので，地域の地下水収支等の実情に基づいて，地下水の利用と保全を図るものである。地域の特性と地域の合意を基づいて管理を行うためのルールを作ることから出発するものである。そこでは，全国一律の基準に基づく規制ではなく，地域事情に基づいた方法がとられる。

このような関係を，法的な関係として評価すれば，住民は，自己の自由使用利益を信託し，自治体は，これに基づいて地下水保全条例を制定することにより，自治体が地下水管理権を取得する関係である。このような住民と自治体の関係は，公共信託関係として捉えることができる[11)]。

地域公水論は，自治体と住民との協同による地下水の保全と利用の関係であり，この関係の構築には，いくつかの条件が必要である。

地下水保全の先進的な自治体の事例から，地域公水化の端緒と評価できる要素を示すことができる。自治体を中核として，住民や団体，事業者，農業者などが参画して地域管理がなされていることが必要である。

①地下水資源が住民全体のために存在していることの共通認識が，条例により規範化され，自治体が保全すべき責務を負うことを宣言すること。

②全住民が地下水資源に利益を有することから，生活用水優先原則が定められていること。

③地下水保全を担うための技術・学術の水準をもった組織が存在し，地下水の収支，挙動などの監視が行われていること。

10）三好（2016）は，日本地下水学会水循環基本法フォローアップ委員会策定の「地下水保全法案」を紹介している。

11）公共信託理論は，ローマ法の「公共物」に起源をもち，英米法において発展してきた法理である。アメリカの司法判断では，公有地，水面などの自然物は，市民が政府に信託した財産であって，政府は，これらを本来の目的以外には使用してはならないとするものである。市民は，政府の不当な処分について訴訟を提起できるとするものである（小川，2002：51）。市民に共通に必要な自然物である地下水について，秦野市などの事例をたどると，地下水保全条例の制定を媒介として，信託関係の成立をみることができる。

④自治体が地域の地下水ステークホルダーと個別にあるいはそれらが参加する協議会などにより地下水の保全・利用について合意形成をはかること。

⑤地域的な合意を反映した地下水保全・利用にかかわる条例が存在し，自治体が，一定の権原に基づき，管理・規制を行うことができること。

⑥地下水保全・涵養に関わり，取水者から負担金を徴収し，農業者に水田への湛水協力を求めるなど，自主的取組みや地域内協力関係が存在していること。

これらのことが行われている状況になれば，公共水としての地下水は，「地域公水」化の程度が高く，地域の地下水利用ルールとなり，地下水取水者が自主的順守する規範性が高くなり，住民がこれを監視し協力しながら形成していく「地域地下水利用秩序」として評価できる。

このような「地域地下水利用秩序」の存在は，地下水紛争事件において，自治体の管理・規制の法的効力をめぐる判断に大きな影響を与えるものである。

具体的な事例としては，秦野市の地下水保全条例の新規井戸設置の原則的な禁止規定について，裁判所は，秦野市が 1970 年代から，地域合意を図りながら，条例の制定・改正を経て，現在の禁止規定に至った事情を参酌して，合憲であるとした。この問題については，6 節で検討する。

「地域地下水利用秩序」形成のための自治体の役割

●地域地下水利用秩序の形成

自治体の地下水管理の究極的な目的は，地下水地域利用秩序を形成することである。地域の合意に基づく適正な地下水保全と利用のための方策が決定され，自治体の規制・管理と共に，地下水当事者の行動規範となって，地域地下水利用秩序を定着させていかなければならない。

このような自治体の役割を進めていくのに，水循環基本法が策定を求めている「基本管理計画」による地下水マネジメントの手法をとることが有効である。

これは，「地下水の利用や地下水保全の課題について，地域ごとの共通認識の

醸成，地域社会の持続的地下水利用や，地下水挙動実態の把握，その分析，可視化，保全（量と質），涵養，採取等における地域の合意形成やその内容を実施するマネジメントである」。そして，「幅広い関係者が参加する地下水協議会の設置等によりマネジメントの取組を推進する……」（内閣官房水循環政策本部事務局, 2017：2）。

この地下水マネジメントにかかわる自治体の責務は，合意形成と合意の実行に関わるものである。

①合意形成の基礎となる地下水収支，水質の客観的把握である。地下水の賦存状況，地下水収支，水質の状況を監視すること。
②地下水管理の最重要となる役割である。住民のために水道用水のほか生活用水の供給を保障し，全住民に生活用水を享受させること。
③農業，伝統的地場産業などの伝統的な利水を維持すること。
④地下水障碍のリスクをなくすこと。
⑤地下水を利用した地域環境の維持・向上をはかること。

以上の責務を果たすために自治体は，多面的な役割を果たさなければならない。㋐地下水資源の保全管理者，㋑生活用水供給者，㋒水資源配分決定者，㋓地域環境保全管理者としての役割に分かれる。

このように地下水利用秩序は多層的な構造になっていて，自治体の役割も複合的なものになる。

●地域地下水秩序形成の手法

上に述べた㋐から㋓の役割を総合して果たすべき目標は，「地域地下水利用秩序」の形成である。地域の状況に応じて，果たすべき役割のウェイトが変わり，とるべき手法も異なってくる。手法には，管理的方法（取水届出制），規制的方法（許可制，原則禁止制）がある。渇水時等の緊急時には，協議による調整的方法がとられる[12]（表4-3）。

地下水利用が古くから進んでいた地域においては，様々な利水者が存在し，農業部門においては，慣習的な権利も存在する。従前からの大口取水の事業者，

表 4-3　各地域の地下水リスクの類型と対応（「地方公共団体の地下水に関する取組み経緯の分類」（内閣官房水循環政策本部事務局，2017：7）から抜粋し，「地方公共団体の取組」を筆者付加）

地方公共団体	・取組前リスク認識と地域関心 ・取組と実態把握	利用と保全の方向性の変化（当初と短期／長期）	現状のリスク対応	地方公共団体の取組
多くの地方公共団体	・将来的リスクあり ・中程度／関心低い ・取組なし／実態把握なし	当初・短期なし／長期なし	なし	
愛媛県西条市	・将来的リスクあり ・中程度／関心中程度 ・取組あり／実態把握あり	当初・短期→保全と利用（水量）／長期→保全と利用（水量）	リスクマネイジメント	・地下水保全管理計画（平成29年） ・地下水協議H会設置・新条例制定検討
長野県安曇野市	・将来的なリスクあり ・中程度／関心中程度	当初・短期→保全重視／長期→保全と利用（水量）	リスクマネイジメント	・「保全・涵養・適正使用条例」（平成23年） ・アルプス地域地下水保全協議会（平成24年） ・使用負担金徴収の検討
熊本市熊本地域	・取組あり／実態把握あり ・将来的なリスクあり ・中程度／関心中程度	当初・短期→保全／長期→保全と利用（付加価値）	リスク低下	・熊本市地下水水量保プラン）（平成6年） ・熊本市地下水保全プラン（平成21年，平成26年） ・熊本地下水基金→くまもと地下水保全財団（平成26年）
神奈川県秦野市	・取組みあり／実態把握あり ・喫緊のリスク／関心高い	当初・短期→保全重視／長期→保全と利用（付加価値）	リスク低下	・大口取水事業者取水協力金（昭和50年） ・地下水汚染防止・浄化条例（平成6年） ・地下水保全保護条例→新規井戸設置禁止

あるいは融雪のための取水など地域特有の取水者など様々な利害関係者が存在している。また，地域経済の発展の中で新たな事業者を受け入れる余地を残す必要もある。

このような中で，地下水資源の保全と利用を両立するためには，自治体は，

12）各自治体の「地域公水」化のあり方，地域地下水利用秩序の形成の仕方は，各地域の地下水危機のあり方によって異なってくる（内閣官房水循環政策本部事務局，2017）。

規制的手法だけではなく，自治体が中心的な役割を担って，住民団体，農業者団体および事業者団体の参加による地域利水者間での規範づくりが必要になる。自治体はその組織化を担う役割がある。そのような協議会組織において，土地改良区等の灌漑用水部門内で，渇水期において地下水資源を保全すべき節水ルールの決定や，事業者団体において節水体制の確立など，それぞれの部門の自主的規範の確認が必要である。

 地下水水源利用者の権利義務

●地下水の「自由使用」

前述したように，河川法での「自由使用」の範囲はごく限られたものであった。地下水の「自由使用」の内容は，地下水収支の適正な状況を維持できる範囲での必要な水量の取水である。

地下水の賦存量が十分に余裕のある場合と地下水収支に余裕がない状況では，許される取水の範囲が異なる。管理方式では，前者が届出制を，後者では許可制が取られる。ただし，特定の事業者が，大量の取水を行うことは，全体的には安定し収支を維持するが，局所的な影響を考慮したり，将来において進出してくる者の利益も考慮にいれなければならず，単純に「自由使用」の範囲を決定できない。自治体は，将来における水資源配分の公平性も踏まえて，「自由使用」の範囲について，地域的合意を定めなければならない。

「自由使用」の取水の範囲は，将来にわたり適正な保全を行うには，各地域の地下水収支の状況の変化を予測に入れて，取水方法や取水量が制限される。地下水収支が悪化すれば，新規取水は制限されるなど，その制限は可変的である。秦野市のように，新規に取水を認めることが，地下水水位の安全を脅かす場合には，新規井戸設置を禁止し，水道供給で代替させることもある。熊本地域のように，地下水位低下の主原因が涵養量の減少である場合には，涵養の協力を求め，大口取水者に対する許可制ですむ地域もある。

●許可の法的性質はなにか

河川法上の許可水利権の許可は，公物管理権に基づく，取水者に特別の権益

を与えることになり，これが流水占用料を徴収する根拠となるとされている[13]。

自治体条例による地下水管理の場合に，取水許可をどのように捉えるべきか。自治体が地下水管理を行う権限は，公物管理権とは異なるものである。取水者は，自由使用利益を有しているのであるから，条例による許可は，有していた権利利益の制限を解除し，その行使を認めるものである。河川法の占用許可が特許であるのと異なる。地域住民らの「自由使用」利益を認めた上で，制限を課すものであるから，一般的な禁止を解除する許可としての性格をもつものである。

地下水学会のワーキンググループが提案している「地下水保全保法案」15条は，保全，涵養および利用の適正化のために必要のあるときは，地下水保全団体としては条例によって取水の許可制をとることができるとしている。この法案15条は，地下水保全団体の許可条件を，①必要な水量を越えて過剰な取水を行わない，当該地域の地下水位低下，地下水障害を起こさない，②地下水保全団体が定める基準の遵守，③その他公益を害さないこと，として規定し，これらの条件をみたさなければ許可してはならないとしているのが参考になる。

条例による許可基準の設定につき，三好（2016：212）は，当該流域における降水と地表水による地下水涵養量の範囲内で，地下水障害が生じない最適取水量を決定して，合理的な許可基準を決定しなければならない，とする。一般的基準として妥当であるが，将来の潜在的取水者の取水分を考慮すべきなのか，個別事情をどのように斟酌するか，具体的事件に即して判断しなければならない。

●地下水取水の負担金

地下水保全法案は，「地下水保全涵養負担金」（29条）を設け，許可を受けた取水者から，負担金を徴収できることとしている。この負担金はどのような法的性格を有するのか。

13）河川法は，河川流水の占用は，許可使用（一般的に設けられた制限の解除）ではなく，特許使用（23条）として位置づけられている。特許使用は，一般的に許されない河川の流水等を排他的，独占的に使用させるもので，占用料徴収の根拠となる（河川法法令研究会，1996：75）。

ある見解は，取水の許可を河川法と同様に公物管理権に基づく「特許」と解し，特別の利益を得たことに対する義務負担としている。

条例による許可は，特許ではなく，取水者が本来もっていた「自由使用」利益を行使する制限を解除する（一般的禁止の解除）「許可」であるから，特別受益に対する負担ではない。共同で使用すべき地下水源を保全し涵養するために必要な費用の分担である。負担金の性格は，共益負担金である。自治体の地下水管理権は，住民全体から信託を受けたものであり，管理者として，保全や涵養に関わる共益費用の償還を受けることができる[14]。

「地下水保全法案」の構成は，許可と負担金とを結びつけているのは妥当か。一般住民よりも大量の取水を行う場合に許可対象となるので，大口取水者は共益負担義務も大きくなるということである。したがって，許可制と負担金とには論理的なむすびつきはない。これは，秦野市の地下水協力金制度の生まれた経緯からみれば明らかである[15]。

 地域地下水利用秩序と司法判断

●秦野市事件訴訟と摂津市事件訴訟

地下水取水を禁止する自治体条例の合憲性，あるいは自治体と企業間の協定の効力が訴訟において争われる事例が発生した。今後も自治体の規制などが増えるにつれて同種の訴訟が起きる可能性がある。

自治体条例の取水禁止規定の合憲性を認めた事例と自治体と企業間の協定で

14）宮崎（2016）は，負担金徴収の前提にあるのは，地下水を公水として捉え公物管理権による負担金徴収であるとする。これを規定する条例は，法的障害（財産権侵害など）による訴訟などのリスクがあるとする（宮崎，2016：56-57）。三好は，地下水の法的性質については，宮崎説を支持しているが，負担金については，全面的に公水として管理することは予定しないとして，有限の公共資源の使用利益に対する受益者負担金であるとしている（三好，2016：214）。

15）神奈川県秦野市は，1970年代になると地下水湧出の枯渇などが生じたため，地下水量調査に基づき，1973年「秦野市環境保全条例」で，地下水を「市民共有の財産」と位置づけ，地下水涵養のため注水など保全事業を行った。1975年，深層地下水から取水している市内事業者に対して，地下水保全協力金を従量によって負担させる協定を締結した（長瀬，2010：109）。

の取水禁止規定の効力を事実上否定した事例との相違はなぜ生じたのか。

秦野(はだの)市事件は，市の地下水保全条例において，水源涵養地域での新規井戸設置の原則的な禁止規定の合憲性が争われた事件であった[16)]。原告住民が，農家住宅の新築のため井戸の設置申請をしたところ，市職員が，設置許可がなされる可能性がないと説明したことにより，水道敷設したため多額支出を強いられた。市職員の説明が不十分であったため，規定中の例外的な許可条件に基づく申請機会を奪われ多額の損失を被ったとして市に賠償を求めた。

東京高等裁判所判決は，条例が，新規井戸の設置を原則的に禁止しているのは，憲法 29 条に違反しないとして，効力を認めた。秦野市条例が，井戸設置原則禁止を規定する以前に，1970 年代から，市が地下水の収支等について科学的調査を積み重ね，事業場との間で地下水使用協力金徴収のための協定を結んできた。市は様々な事業を通じて，地下水が市民の共通の財産であるという意識を高めてきた。地下水保全条例では，地下水を「公水」として規定した[17)]。

以上のことは，秦野市においては，地下水の新規取水を制限する「地域地下水利用秩序」が形成されていたと評価できる。このことが，禁止規定の合憲性を判断した要因となった。

これに対して，摂津(せっつ)市事件は，裁判所は，地下水利用秩序の存在に考慮しないで判断を下した。

大阪府摂津市は，昭和 40 年代に深刻な地盤沈下が生じていた。これは多くの事業場の地下水汲み上げによるものであったので，市は，1973 年には国鉄の車両基地での地下水汲み上げ中止を求め，1982 年には「地下水の保全及び地域環境の変化を防止するために，地下水の汲み上げを禁止する。」とした協定を，国鉄を含む市内 76 事業所と締結した。1999 年には，国鉄を引き継いだ JR 東海との間でも同協定を更新した。また，市内全域で井戸の掘削を原則禁止する「市環境の保全及び創造に関する条例」を制定した。

2014 年，JR 東海が，本件車両基地内で井戸の掘削を計画していることが，大

16)「秦野市地下水保全条例にある地下水涵養地域において新規井戸設置の原則的禁止基準の違法性確認事件」(平成 26・1・30　判例地方自治 387 号 11 頁)。

17) 判決の概要については，小川 (2016) 参照。

阪府からの連絡により判明し，市は，計画中止を強く要請した。JR 側は，車両基地内であっても取水場所が，茨木市域にあたるとして，協定の効力を否定し，井戸を設置した。

摂津市は，大阪地方裁判所に訴訟提起し，地下水汲み上げ停止を求めた。争点は，第 1 に，JR が締結した協定は，摂津市域内のみで効力があり，茨木市域に設置される井戸には協定の効力が及ぶか。第 2 に，摂津市は，計画中の井戸の取水を差し止める権原を有するか否かであった[18]。

一審では，協定の拘束力が及ばないとし，摂津市が敗訴した。

高裁判決は，協定の効力が及ぶとしたが，協定の取水禁止の趣旨は，地盤沈下の具体的な危険を生じさせる取水行為を禁止するものであるとして，本件取水の水量は，このような危険をもたらすものではないとする。その根拠の一つとして，本件基地周辺でも，市の水道水など大量の地下水の汲上げがあり，本件基地の取水量によって，具体的に地盤沈下の危険性が生じないとした。また，摂津市の最高裁への上告申立ても受理されなかった。

高裁判決の問題点は，地域的な地下水取水の一定の秩序が形成されていないかを検討して，協定の効力の判断をしなかったことである。本件協定が締結された背景は，摂津市地域では深刻な地盤沈下が生じていたため，摂津市は，JR 東海の前身である国鉄を含め多数の事業者と，地下水汲み上げをしない協定を締結した。協定が地域内事業者たちと結ばれていたこと，その後 JR 東海との間で更新が行われていたこと，さらに同一内容の条例が制定されていたことを勘案すれば，地盤沈下防止のために取水しないという「地下水利用秩序」が存在して市と協定締結していた企業が取水を停止していたことを斟酌して，これを協定の拘束力の判断の基礎にすべきであった。

高裁判決は，協定は，地下水汲み上げを一律に禁止したものではなく，「保全及び地域環境を損ねる具体的な危険性のあると認められる場合に限り，地下水の汲上げを禁止した規定である」にすぎないとした。

---

18)「JR 東海鳥飼車両基地地下水取水差し止め請求事件，大阪高等裁判所控訴審判決 2017 年 7 月 12 日」（阿部（2017）を参照）。

①摂津市域では一応地盤沈下が収まっていること。
②訴訟当事者である市が大量の水道水源を揚水していること，取水を行っている事業場も存在すること。
③井戸を設置する茨木市域は地盤沈下の危険性のある地域指定が行われていないこと。

これらの事実から，一律禁止を定めたものではないと判断することはできるであろうか。

協定の内容は，摂津市域地域において，どのような地下水利用ルールの存在が認識され，地域的な合意が存在していたのかという事実的な背景から判断しなければならない。

協定が結ばれた背景として，深刻な地盤沈下が生じていて，その原因が，多くの事業場が地下水取水を行っていたこと，これに対して，摂津市が多くの取水事業者に対して，説得をもって，個別的な合意のもとに本件協定を締結したこと，それが今日に至るまで順守されていたこと，そして，市は協定の内容を，条例として制定して，原則的に新規地下水取水は禁止されていることを確認した。これらのことからすれば，地域的な合意内容は，地下水取水は行わないことであったはずである。また，市民のための地下水取水と事業者の取水とを同じ平面で比較することはできない。水道水源として地下水は必要不可欠のものである。市の責務は，地盤沈下防止と水道水源の保全による安定した水道供給であった。しかし，この判決の影響で，JR に続く事業者が現れる可能性も否定できなくなった。これに続く事業者の出現を妨げることができなくなった。高裁判決が，一つの協定締結事業者の新規取水を認めたことにより，長年続いていた地下水利用秩序を壊してしまうおそれをもたらしたのであった。

さらに，判決の具体的な判断事項には，地下水の健全な循環保全の必要性を理解していない危険な判断がみられる。

地下水取水が地盤沈下の具体的危険をもたらすのであれば，それ自体，市あるいは住民が差し止めを求める根拠となろう。しかし，個々の取水者に個別に訴訟でもって対応するのは困難である。個々の取水行為が多数合わさって，地盤沈下の危険性が生じてしまい，地盤沈下を防ぐことができなかった反省を踏まえて，市民の世論を背景に，多数の地下水取水事業者との合意をへて，協定締結，そして条例制定と，地域的合意を積み重ねながら地下水利用秩序を形成してきた。この地域的利用秩序の順守が取水者に課せられていたことを判決は無視してしまった。

以上二つの訴訟において，地下水地域利用秩序に対する認識が，判決の結論に影響を与えていた。二つの事例の比較では，摂津市事件では，裁判官の地下水問題についての認識の低さということを別にして，自治体の「地下水利用秩序」の形成のあり方に，相違があったといえよう。秦野市は，1970 年代から継続的に地下水の賦存状態，地下水の挙動等の詳細な調査を積み重ね，地下水使用協力金制度，汚染浄化制度，新規井戸設置原則禁止など制度の更新を不断に行い，「地下水利用秩序」の存在を不断に確認していたといえよう。自治体は，地下水条例で取水禁止等を定めても，規定を定めるだけでは法的な拘束力を担保できない。自治体は，地下水利用秩序の存在を明確にするために，事業者，住民ら地下水ステークホルダーらが参加する協議会組織を立ち上げ，不断に地下水取水ルール，地下水障碍防止ルールを確認し，住民による監視機能を高めておくことが必要である。

 西条市における新条例制定の必要性

●西条市の人々と地下水とのかかわり

愛媛県西条市は約 400 年前から，干拓事業で拡大した町であった。

古くから，生活用水，農業用水のほか，伝統的産業（酒造，製紙）のために地下水を大切に守ってきた。特に西条平野では，地下水が自噴し，現在でも生活用水のすべてをまかなっている住民も多い。住民は，豊富な湧水量と名水百選に選ばれた水質を守り「うち抜き」文化として伝統を継承しようとしている（内閣官房水循環政策本部事務局，2019：7；佐々木，2012）。

地下水水位を保ち，塩水化など地下水障碍を防止するために，地下水涵養域には大量取水企業や地下汚染つながる薬品等を使用する企業は誘致しないという「まちづくりの掟」があった。

西条市は，1996（平成 8）年から西条平野の地下水賦存量調査を行っているが，

地下水を利用している地域に塩水化の兆候がみられた。2006（平成18）年から「道前平野地下水資源調査委員会」を組織し，流動循環システムの解析を行ってきていて，夏季の河川流量低下により地下水水位が大きな影響を受けることが明らかになっている。このため水文学・地質学のほか，社会科学分野の多様な専門家による「地下水法システム研究会」を立ち上げ，「西条市地下水保全管理計画」を2017年8月に策定し，地下水協議会の設置も行い，現在，地下水条例制定に向けた検討を行っている。

●新条例制定の課題

現在は，合併前の旧西条市域を対象とした「西条市地下水の保全に関する条例」が暫定施行されている。この条例は，地下水を貴重な水源として位置づけ，水源保護地域での立地規制や，井戸設置の届け出義務が規定されている。

「西条市地下水保全管理計画」に基づく，新しい地下水条例の制定が必要となり，規制対象地域の市内全域への拡大，届出対象井戸の拡大，特定地域での一定規模以上の井戸設置の管理強化制の導入などが検討課題となっている。

この「地下水保全管理計画」の柱は，地下水利害関係者による「地下水協議会」を立ち上げ，合意による地下水マネジメントを行うものである。これは，本管理計画は，「地域公水」概念を中核に据えている。地下水が「地域公水」であるのは，住民全体の財産であり，市は住民から地下水の恩恵を活かす責務を受託することにより，一定の権原を備えた地下水管理を行うことを示している[19)]。

今後，「地下水保全管理計画」の内容が具体的に実行され，地下水協議会の継続的運営により地下水ルールの合意を形成していく中で，地下水保全と利用の「新条例」の制定を進めていくことが必要である。これまでの住民らの築いてきた利用方式，農業用水取水慣行，企業立地に際しての取り決めがあった。旧

19）西条市の条例の見直しの基本方針は，次の通り。「市民の共有財産としての地下水保全と利用のルールを規範化し，地域で保全・管理していく「地域公水」の理念を盛り込むとともに，条例の対象地域を市内全域に拡大する。また，地下水の水量及び水質保全に関する規制内容の見直しを行う」（西条市，2017：38）。

20）2013（平成25）年度では，西条地区（人口約6万人）の水道普及率は24%，東予地区（人口約3万人）は，70%であった（西条市，2017：37）。

西条市域の西条平野と旧東予市域の周桑平野では，地下水流域を異にし，地下水の利用状況も異なる面もある[20]。西条市は，市民全体に働きかけ，それぞれの地域での伝来してきた地下水ルールをもとに市域全体に共通する，将来の地下水利用のあり方を踏まえた新しい「地下水利用秩序」の形成を進めていかなければならない。

条例の制定は，理念，その実現のための短期，中期，長期の目標を明らかにした上で，基本方針を定め，水量・水質の保全のための方策と異常時のための対応策を規定しなければならない。さらに，持続的に地下水資源を維持していくための仕組みも立ち上げていかなければならない。健全な水循環をもとにした町づくりの理念に基づき，当面の目標として，地域公水の考え方の定着を図るために，地下水収支の見える化による市民との情報共有と市・市民・事業者等による協議会による合意形成とが基本方針となる。

引用・参考文献

阿部泰隆（2017）.『まちづくりと法―都市計画，自動車，自転車，土地，地下水，住宅，借地借家』信山社
小川竹一（1990）.「地下水保全思想と宮古島地下水保護管理条例」『沖大法学』, **10**, 143–200.
小川竹一（1998）.「地下水法理論の課題」『沖縄大学紀要』, **15**, 311–334.
小川竹一（2002）.「宮古島の新たな地下水資源保護体制」『沖縄大学地域研究所所報』, **27**, 27–62.
小川竹一（2003）.「土地所有権と地下水利用権」『島大法学』, **47**(3), 1–50.
小川竹一（2004）.「地下水保全条例と地下水利用権」富井利安［編］『環境・公害法の理論と実践―牛山積先生古稀記念論文集』日本評論社, pp.61–72.
小川竹一（2016）.「地下水＝地域公水化論」『愛媛法学会雑誌』, **42**(2), 1–28.
小澤英明（2013）.『温泉法―地下水法特論』白揚社
河川法令研究会［編著］（1996）.『よくわかる河川法』ぎょうせい
西条市（2017）.『西条市地下水保全管理計画』〈https://www.city.saijo.ehime.jp/uploaded/attachment/25984.pdf〉（2020年10月20日確認）
佐々木和乙（2012）.「西条の人と水の歴史」総合地球環境学研究所［編］『未来へつなぐ人と水―西条からの発信』創風社出版, pp.83–97.
谷口真人（2015）.「水循環基本法と地下水」『地下水学会誌』, **57**(1), 83–90.

内閣官房水循環政策本部事務局 (2017).『地下水マネイジメント合意形成のすすめ方―本編』
内閣官房水循環政策本部事務局 (2019).『地下水マネイジメント合意形成のすすめ方―技術資料編』
中島　誠・竹内真司・田中　正・谷口真人 (2016).「シンポジウム「地下水の保全,涵養及び利用に関する法制度化に向けた現状と課題」―総合討論「水循環基本計画と地下水保全法のあるべき姿」」『地下水学会誌』, **58**(3), 343–358.
長瀬和雄 (2010).「秦野盆地の地下水管理」『日本水文科学会誌』, **40**(3), 109–120.
宮崎　淳 (2015).「水循環基本法における地下水管理の法理論―地下水の法的性質をめぐって」『地下水学会誌』, **57**(1), 63–72.
宮崎　淳 (2016).「地域特性に応じた地下水の保全と利用の法的構造―地下水保全法の制定に向けて」『創価法学』, **45**(3), 39–61.
三好規正 (2014a).「水循環基本法の成立と水管理法制の課題 (1)」『自治研究』, **90**(8), 81–109.
三好規正 (2014b).「水循環基本法の成立と水管理法制の課題 (2)」『自治研究』, **90**(9), 73–95.
三好規正 (2014c).「水循環基本法の成立と水管理法制の課題 (3・完)」『自治研究』, **90**(10), 46–69.
三好規正 (2016).「地下水の法的性質と保全法制のあり方―「地下水保全法」の制定に向けた課題」『地下水学会誌』, **58**(2), 207–216.

5章 地下水の将来リスクと財政の持続可能性

川勝健志

はじめに

西条市の地下水は近年，後述するような様々な将来リスクを抱えており，健全な水循環を実現する総合的な施策が必要になっている。ではそうした施策を支えるために欠かせない市の財政は持続可能であろうか。

平成の大合併から10年余りが経過し，西条市では他の合併自治体と同様に，普通交付税の合併算定替えの措置が段階的に縮減・終了し[1]，その減収への対応として，行財政改革（以下，行革）が今後本格化していくことになる。しかし，そのような行革を行うにあたっては，同市が合併後どのような財政運営を行ってきたのか，今後いかなる将来リスクを抱えているのかを検証しておく必要がある。そのような現状分析なしに行革を行うことは，「水の都・西条」のまちづくりの方向性を見誤る可能性があるからである[2]。

したがって，本章の目的は大きく二つある。一つは，西条市の地下水が今抱えている問題と将来リスク，またその解決策として今後どのような施策が新たに必要になるのかを確認することである。そしてもう一つは，西条市財政の持続可能性を診断し，そうした施策の実効性を確保するために求められる財政上の課題を明らかにすることである。

西条の地下水問題

●今起きている問題

1章で述べたように，西条市はすべての水系が市の行政区域内に収まっている。とはいえ，西条平野と周桑平野とでは地下構造や水利用が異なるので，地

1）市町村合併の特例措置として，合併後の10年間は旧市町村が存在しているものとみなして普通交付税の額が算定される。激変緩和のために，11年目以降の5年間は交付額が段階的に縮減し，15年目以降は合併した自治体本来の一本算定による交付額となる。

2）2009年4月に「地方公共団体の財政の健全化に関する法律」が全面施行されて以来，財政健全化主義を行革の最重要指針としているかのような自治体も見受けられるが，現行の財政健全化指標やバランスシート等は，あくまで自治体財政が健全であるかどうかを評価するものに過ぎない。

下水障害にも違いがみられる。その一つは自噴の停止や塩水化である。西条平野の沿岸部では，塩化物イオン濃度が水質基準値より高く，飲用に適さない塩水化した井戸があり，塩水化が進行している[3)]。通常，沿岸部の地下では，陸側に侵入してくる海水を海側に押し戻そうとする地下水の圧力で食い止めている。しかし，農業用水の地下水利用が増える灌漑期に雨が少ないと加茂川の流量が低下し，地下水への涵養量が減少するため，地下水位が急激に低下する。その結果，地下水が海水を押し返す力が弱まり，海水の侵入を許すことになって塩水化する。西条平野では，内陸側にある自噴帯の地下水は，海側の地下水より地下水面が高く，水圧が高いために海水の侵入を受けにくいと考えられている。しかし，海側の地域では地下水涵養量の減少や地下水使用量の増加によって，塩化物イオン濃度が水質基準値より高くなり，既に飲用に適さない塩水化した井戸が確認されている。

これに対して周桑平野は，地下水よりも中山川や大明神川から取水した河川水が農業に利用されている。ため池も多く稲作も盛んなため，水田からの涵養量が多くなり，多くの地点で地下水位は夏から秋にかけて上昇する。西条平野と同じように，沿岸地域の地下水は灌漑期に水位が低下するが，被圧地下水への塩水化は見られない。しかし，この沿岸の自噴帯を除けば不圧地下水が多く，地表での人間活動の影響が帯水層に現れやすい地域である。実際，周桑平野では関谷川の扇状地を中心に硝酸態窒素の濃度が高くなっており，飲用水の水質基準値を超えている井戸もある。扇状地は水はけが良いので野菜や果樹などの栽培に適しており，高い硝酸態窒素の原因は畑地での過剰施肥が原因と考えられている（中野，2010：57-58）。

●地下水の将来リスク

西条市の地下水は，上記のように既に顕在化している問題に加えて，次のような将来リスクも抱えている（西条市，2017：29-33）。第１に，温暖化に伴う降雨の変化である。近年，全国的に降水量が多い年と少ない年との差が大きくな

3）使用可能な井戸でも，雨が少ない灌漑期には，塩化物イオン濃度が水質基準値より高くなることがある。

るとともに，降水量が10ミリ以上の豪雨となる日数が増加する一方で，1ミリ以上の少雨の日数が減少傾向にある。地下水資源の確保には，安定した河川流量が必要である。加茂川のように，山地での流れが速く，平野での流路が短い河川では，豪雨時に大量の河川水が海に流出してしまう。河川水は地下水に比べて流速が速いので，豪雨が多く雨の日が少なくなる降雨形態の変化は，河川からの地下水涵養量の減少が懸念される。実際，加茂川を主な涵養源としている西条平野においては，春先に雨が降らず，加茂川の流量が減少し，地下水位が大幅に低下するという現象が増えている。

第2に，適正管理されていない森林の増加である。西条市は約70%が森林地帯であり，豊富な地下水の涵養源となっているが，林業活動の低迷によって森林整備が遅れている。3章でも述べたように，西条市が地下水資源の供給源としてもっとも重要視して守らなければならない人工林に間伐などの手入れが不足すると，下層植生が貧弱になり，表土の流出が早まる。土壌構造も空隙の少ないものとなり，水源涵養力が低下して災害リスクも高まる。

第3に，土地利用の変化，とりわけ耕作放棄地の増加である。農業従事者の高齢化や農業就業人口の減少などによって，地域農業を支える担い手が不足し，水田等の経営耕地が減少している。こうした農地の変化は，農業用水利用量の減少をもたらす一方，水田等からの地下水涵養量が減る要因となる。特に，周桑平野の地下水については，水田などの農地が重要な涵養源の一つであることから，地下水の適正な管理のためには，農地の変化による地下水の収支への影響などを監視していく必要がある。

他方，市街化地域では，マンション建設などに伴い，地下水の新規揚水が進んでいる。住宅の建築や商業地域の広がりに伴う土地利用の変化は，平野に降る雨の地下への浸透を減少させている。このような都市化は，自噴水が分布する旧西条市域で進んでおり，農地とともに都市化に伴う雨水浸透域の検討も必要になっている。

第4に，灌漑期における地下水利用の急増である。図5-1は，渇水に見舞われた2007年と，その翌2008年の西条平野の地下水量を比較したものである。この図から，5月～9月の灌漑期に農業用水量が大幅に増加していることがわかる。特に2007年は渇水で川から取水があまりできなかったために，2008年

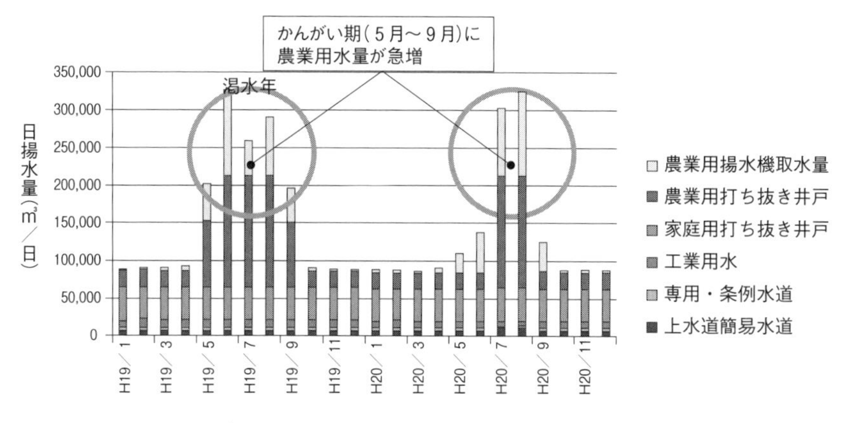

図 5-1　西条市における地下水の月別利用量（西条市環境課提供資料）

と比べると地下水の利用の多さが目立つ。実際，灌漑期には農業用水が地下水使用量全体に占める割合は最大で 70 ～ 80% にまで及び，少雨時には前述した地下水位の低下とそれに伴う塩水化のリスクがより一層高まる。

地下水は流れが遅く，渇水，無秩序な採取や汚染が発生すると，その影響は長期かつ広範囲に及ぶ。また，西条市は水道普及率が低く，水道水源のほとんどを地下水に依存しているので[4)]，枯渇や汚染の影響は計り知れないほど大きなものとなる。西条市の地下水の未来は，水量・水質ともに楽観視できる状況にはないのである。したがって，仮に問題に緊急性がなくても，地下水に取り返しのつかない不可逆的な被害が及ぶことを未然に防ぐ新たな地下水保全施策が求められる。

3 地下水管理の取り組み

河川や湖沼に比べて目に見えない地下水を適切に管理するためには，その仕組みを知る調査とその自然科学的な研究が不可欠である。そのため，西条市でも地下水保全の取り組みといえば，従来，もっぱら地下水の調査とモニタリングが中心であった。図 5-2 は，西条市の地下水保全費用（2005 ～ 2016 年度）の

4) 水道普及率は全国平均で 97.5％であるのに対して，西条市は約 50％に過ぎない。

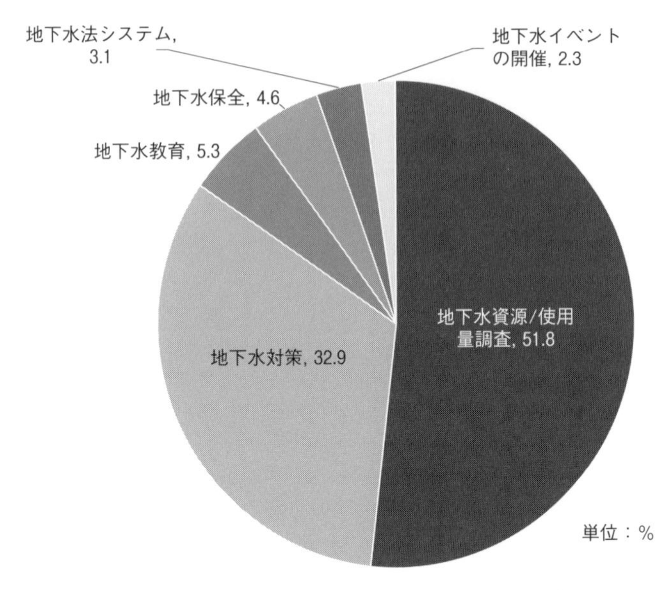

※各費用項目の構成比は，2005 ～ 2016 年度の合計額に基づいている。

図 5-2　西条市における地下水保全費用の内訳（2005 ～ 2016 年度）（西条市環境課提供資料）

構成比を示している。この図から，西条市が後述する「地下水保全管理計画」を策定する前，つまり 2016 年度までの地下水保全費用の 5 割以上は，地下水資源／使用量の調査であり，約 33％がモニタリングを中心とする地下水対策であったことがわかる。そのおかげもあって，西条市の地下水資源量やその流動など，地下水の実態について，今日では科学的にかなりのことが明らかになりつつあり，地下水管理のあり方を考える有益な手がかりを与えてくれている。

実際，西条市では，そうした自然科学的な知見に基づきながら，前述のような地下水が直面している喫緊の課題や将来リスクに備えて，2017 年 8 月に「地下水保全管理計画」を策定している。同計画では，市の健全な水循環を実現するために，(1) 既に顕在化している問題を解決するために優先して取り組むべき施策と，(2) 持続可能な地下水利用，さらには健全な水循環を実現するために長期的に取り組むべき施策とに大別した提案がなされている。表 5-1 は，その施策体系を示したものである。この表を俯瞰してみてみると，西条市の取り組みは，単に地下水が利用できれば良いというものではなく，うちぬきを守る

表 5-1　「西条市地下水保全管理計画」に基づく施策体系（西条市, 2017：43–48）

長期的に取り組むべき施策	
地下水資源の強化	・森林（水源地域）の適正な管理（森林整備，林業経営の安定化への支援，土地取引の監視及び水源地域保全条例の検討） ・平野部での地下水涵養力の向上（雨水浸透の推進，休耕田等への湛水，地下水の代替水源の保全・管理）
地下水の水質保全	・未然防止対策（地下水利用規制の検討，汚染発生源の対策） ・事後対策（汚染構造の解明，汚染浄化の促進）
育水の普及	・育水思考の醸成 ・水循環等に関する教育の推進 ・地下水の保全に関する条例の見直し

優先的に取り組むべき施策	
地下水の調査・モニタリング	・地下水資源調査 ・水量・資質のモニタリング
西条平野のかんがい期の地下水問題の防止策	・地下水涵養域の施策（加茂川の瀬堀り，加茂川流域の森林整備の強化，県営黒瀬ダムの水利用） ・地下水利用域の施策（渇水時の節水強化，農業用水の利用効率化）
周桑平野の硝酸態窒素対策	・地下水涵養域の施策（施肥体系の最適化，環境保全型農業の推進）

ともに「おいしい水」を維持するために，将来リスクにも対応できる総合的な施策と地下水モニタリングで適切に管理しようというものであることがわかる。

●優先的に取り組むべき施策

優先的に取り組むべき施策の中でも，特に早期に着手すべきは，西条平野における最大の問題となっている，灌漑期の地下水位低下と塩水化進行の防止策である。具体的には第1に，瀬切れ対策である。2章で明らかになったように，西条平野の地下水の大半は，加茂川の水が武丈堰付近からJR鉄橋付近の間で地下に伏流しているため，この区間の河床が堆積物で目詰まりすると，伏流水が低下してしまう[5)]。したがって，河床からの伏流水が低下したと考えられる時には，必要に応じて加茂川の瀬堀りを行う必要がある。

第2に，加茂川流域の森林整備の強化である。森林が適正に整備・管理されると，森林土壌が持つ貯水効果が向上する。大量の雨が降ったときにでも，降水が一気に流出せず，時間をかけて流出するようになることから，加茂川流量の平準化にも一定の効果を期待できる。特に加茂川は，西条平野の地下水の主な涵養源になっていることから，森林整備による地下水涵養力が高まる可能性がある。また，加茂川の水質は，山地に降った雨や雪が森や土壌を通過する間に，微生物などの力を借りて浄化されていくことから，森林整備は地下水の水質を保全する上でも効果がある。

第3に，県営黒瀬ダムの水利用である。道前平野地下水資源調査研究委員会の調査・解析結果によれば，灌漑期に加茂川の長瀬時点で毎秒5m^{3}の流量を確保できれば，将来においても自噴が止まることなく，安定した地下水位の維持と塩水化の防止が可能になる[6)]。そのため，上流の県営黒瀬ダムには，長瀬時点の流量が毎秒5m^{3}を下回る時にその不足水量を補給できるだけの「使用していない水」の利用について，県と検討・協議し，加茂川の流量を確保することの効果は小さくない。

●長期的に取り組むべき施策

一方，長期的に取り組むべき施策として，地下水資源の強化や水質の保全が重要であることは言うまでもないが，特に目を引くのは，「育水の普及」である。育水とは，地下水の利用者が「使った地下水はきれいにして地下へ還す（還水）」「地下水を量・質の両面で育ててから使う」という考えに基づいて，地下水保全に取り組むことを意味する。具体的には第1に，そうした育水思考の醸成である。市民をはじめとする地下水利用者に育水の考えを普及させるために，市民ワークショップや関係団体・地区懇談会などの市民参加の機会を設けて，地下水の現状や科学的な知見を共有し，地域公水の理念や育水の考えの啓

5）石鎚山系は標高が高く海までの距離が短いため，山地の河川は急流で，降った雨は比較的短時間で燧灘まで流下する。平野部の流路が短いために，沿岸域でも礫が多い。礫は透水性が高いため，地下水の涵養を容易にしている。その反面で，加茂川や中山川の平野部では瀬切れが多く，燧灘に直接流入しないことが多い。

6）加茂川に水が十分流れて地下水位が保たれていれば，塩分濃度はそれほど上がらない。つまり，「流入する水の量が減ると海水の影響を受けて塩水化する」という関係がある。言い換えれば，塩水化を防ぐには，加茂川の流量をいかに安定的に確保するかが重要になる。

発に努める。とりわけ，農業者については，市と土地改良区が連携し，灌漑期に不要な時は揚水ポンプの電源を切ることや，バルブを設置して閉めることなど，地下水の過剰利用を抑制する必要がある。

第2に，水循環等に関する教育の推進である。次世代を担う子どもたちに，水循環や地下水をテーマにした学習や地下水保全活動を行うといった教育は極めて重要である。

第3に，地下水保全条例の見直しである。現行の「西條市地下水歩の全に関する条例」では，一定規模以上の井戸の設置について，届出や採取量の報告などが義務づけられているが，実はそうした規制の対象が今なお合併前の旧西条市域のみとなっている。したがって，新条例ではその対象地域を市全域に拡げるとともに，届出が必要になる井戸の範囲を拡大する，指定地域では一定規模以上の井戸の設置に許可制を導入するなど，規制内容の見直しが求められる[7)]。

しかし，地域性の強い地下水保全施策は国の補助金の対象外であるため，従来の施策（前掲図5-2を参照）がそうであったように，上記のような計画に基づいた新たな施策の実施についても，必要な財源は自前で確保する必要がある。言い換えれば，そうした財源を長期にわたって安定的に確保するには，その前提となる市の財政が持続可能でなければならない。

 西条市財政の持続可能性を診断する

では西条市の財政は今どのような状況にあり，今後どのように見込まれているのであろうか。図5-3は，西条市の実質収支及び実質単年度収支，財政調整基金の推移を示したものである。この図から，西条市の実質収支は合併後，一貫して黒字であるが，実質単年度収支をみてみると，17年度以降は赤字に転落していることがわかる。これは財源不足によって，市の貯金である財政調整基金が17年度以降，繰り返し取り崩されるようになっているからである。西条市では，04年度の災害を教訓に，大規模災害時の一時的な財源不足を補うには50億円の財政調整基金は必要としてきたが[8)]，20年度決算ではその金額も割

---

7) 西条市では，すでに条例の見直しに着手しており，2022年度内の条例制定を目指している。

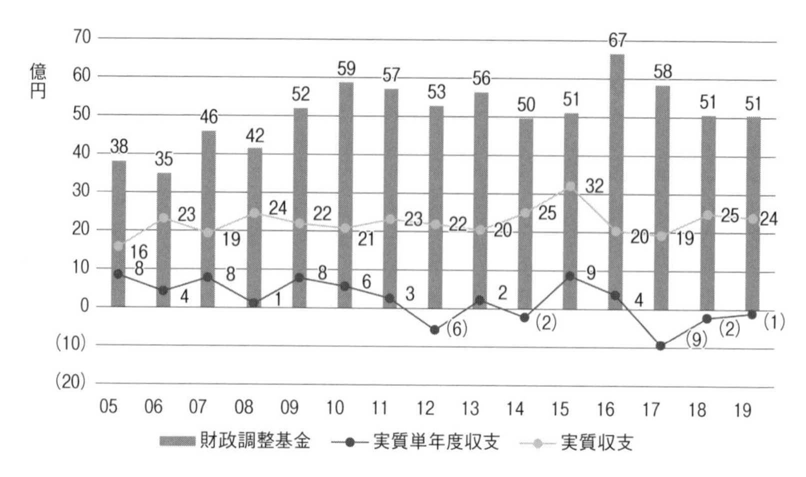

図 5-3　西条市の実質収支・実質単年度収支及び財政調整基金の推移

（西条市『決算カード』各年度版より作成）

り込み，約 46 億円まで減少している（「西条市令和 2 年度決算」）。

西条市では今後もそうした状況が続き，実質単年度収支の赤字額が拡大すると予測されていることから[9]，いかにして実質収支の黒字を維持し，財政調整基金の減少に歯止めをかけるかが課題となる。

しかし，水の都・西条を支える財政の持続可能性という視点に立った場合により重要なことは，中長期の財政収支である。小西（2012）によれば，中長期の財政収支が健全であるためには，借金の返済能力（償還能力）を測る債務償還可能年数が平均償還期間を下回っている必要がある[10]。図 5-4 は，西条市の債務償還可能年数及び平均償還期間の推移を示したものである。この図から，西条市の債務償還可能年数は 16 年度以降，長くなってきているが，平均償還期間も同様に長くなってきているので，前者は後者を下回っていることがわかる。

8）西条市財務部提供資料「西条市の財政状況と今後の見込み」より。

9）脚注 8 と同じ。

10）債務償還可能年数は純債務が償還財源の何年分に相当するか，平均償還期間は地方債及びそれに準ずる負債が 1 年間の償還額の何年分に相当するかを示したものである。両者の具体的な算定方法については，小西（2012：133）を参照。

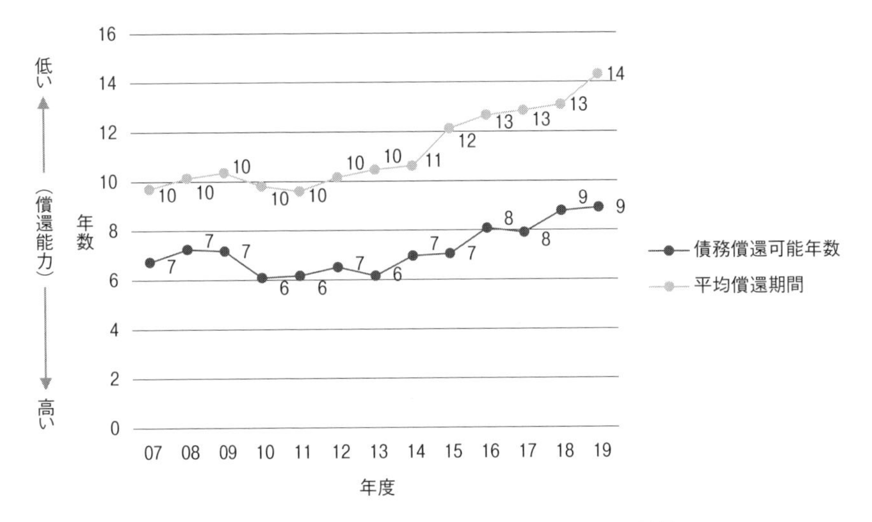

図 5-4　西条市の債務償還可能年数及び平均償還期間の推移
（西条市『地方財政状況調査』及び『財政状況資料集』各年度版より作成）

平均償還期間が債務償還期間を上回っているのは，西条市では合併後，公債費が減少し続けてきたからである。しかし後述するように，今後は逆に公債費の大幅な増加が見込まれているので平均償還期間は短くなり，このまま債務償還可能年数がさらに長くなると，両者の隔たりは確実に小さくなるであろう。そうなると，西条市はたとえ借金の返済が可能であっても，将来世代のための投資が著しく制約されることになり，世代間の不公平が生じてしまうことになる。

ではなぜ市の債務償還可能年数が近年，長くなってきているのであろうか。債務償還可能年数が長くなる原因は，純債務が増えているか，償還財源が減少しているかのいずれか，もしくはその両方である。

●純債務の状況

ではまず，純債務の状況をみてみよう。図 5-5 は，西条市の純債務の推移を示したものである。この図から，純債務は 08 年度以降，減少傾向にあったが，15 年度に増加に転じると，その後も増加し続けて，19 年度には 785 億円にも及んでいることがわかる。純債務は将来負担額から財政調整基金などの充当可能基金等を差し引いたものなので，純債務が増加し始めた 15 年度以降の将来負

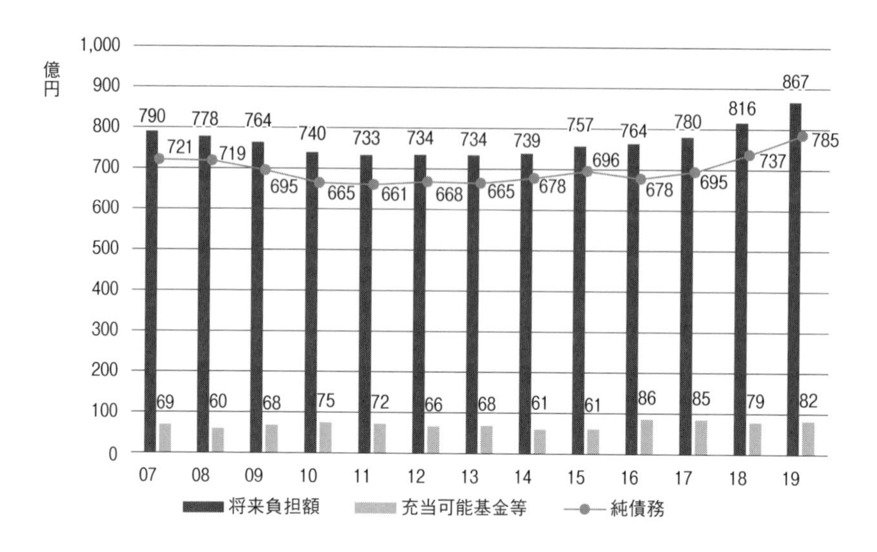

図 5-5　西条市の純債務の推移（西条市『地方財政状況調査』及び『財政状況資料集』各年度版より作成）

担額と充当可能基金等をみてみよう。すると，充当可能基金等が減少したというよりもむしろ将来負担額が増加していることが原因であることがわかる。

そして，将来負担額が増加した主たる要因と考えられるのが，市債残高の増加である。図 5-6 は，市債の発行額とその残高，そして普通建設事業費と公債費の推移を示したものである。この図から，減少傾向にあった市債の残高が 12 年度に増加に転じると，その後も増加し続けて 19 年度には合併以来，最高の約 620 億円（歳入総額の約 1.1 倍，一般財源総額の約 1.8 倍）に達していることがわかる。その背景には，普通建設事業費の動きから確認できるように，11 年度以降に新庁舎の整備をはじめ幹線道路の整備，中学校の屋内体育館，公園整備などの大規模事業が相次いで行われ，それまで減少傾向にあった市債発行額が再び増加していることに起因している。

また市債残高の構造をみてみると，一般単独事業債は年々減少し，それに代わって合併特例債が積極的に活用されていることがわかる。合併特例債は起債充当率 95%，後年度の交付税措置 70%という破格の条件で起債できるという利点があるが，問題はその起債が合併時の一般単独事業債の規模を超えていることである。しかもその合併特例債を用いた事業によって，普通建設事業費

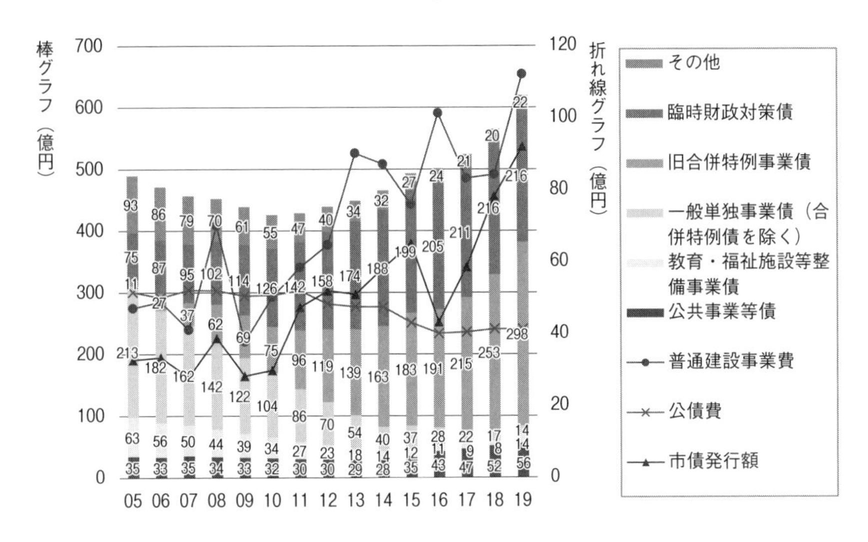

図 5-6　西条市の市債残高および発行額，普通建設事業費及び公債費の推移

（西条市『地方財政状況調査』各年度版より作成）

は24年度まで60～80億円規模の状態が続くと見込まれており[11]，まだそのピークを迎えていない。つまり，西条市で累積している市債残高の償還はこれから本格的に始まる。合併以降，減少傾向にあった公債費が近年，増加に転じているのはそのためであり，今後もその傾向が続いて大幅な増加が見込まれている。

また，市債残高に占める臨時財政対策債（以下，臨財債）の割合が年々増加している点についても，留意が必要である。臨財債の償還財源は，後年度に100％地方交付税によって措置されることになっているが，市が抱えている借金であることに変わりはない。それどころか，国の厳しい財政状況を考えると，地方交付税の総額が今後も確実に保障されるとは限らない。総額が削減されると結局，実際の交付税交付額が減少し，その措置効果は小さくなってしまう。19年度の西条市の市債残高に占める臨財債の割合は，05年度の15％から35％に著しく増加しており，そのような赤字地方債の増加傾向は，市の後年度負担を左右する財政リスクといえよう。

11）脚注8と同じ。

●償還財源の状況

一方，償還財源の状況については，どうであろうか。図 5-7 は，償還財源の推移を示したものである。この図から，償還財源は 10 年度に 109 億円まで増加したが，その翌年度に減少に転じると，14 年度には 90 億円台に，16 年度以降はさらに 80 億円台まで減少していることがわかる。償還財源は，経常一般財源等（以下，一般財源等）から性質別経費の経常経費充当一般財源等（以下，経常経費）を差し引いたものなので，減少に転じた 11 年度以降の両者の動きをみてみよう。一般財源等は 11 年度以降，約 270 ～ 280 億円の 10 億円の範囲で増減を繰り返しながら推移しているのに対して，経常経費は年々増え続けた結果，23 億円も増加している。つまり，償還財源が 11 年度以降，減少傾向にある原因は，一般財源等が減少したというよりも，経常経費の規模が合併直後よりもむしろ増加していることにある。

図 5-8 は，経常経費の主な項目の伸びを示したものである。この図から，経常経費が 11 年度以降，増加している主な要因が扶助費，繰出金，物件費であることがわかる [12]。中でも扶助費は子育て施策や障がい者の給付費等の民生費を中心に大きく増加し，合併直後の 2 倍近くまで伸びている。繰出金については，介護保険事業や後期高齢者医療事業，下水道事業が増加し続けており，扶助費に次ぐ経常経費の増加要因となっている。また，物件費の伸びについては，学校施設やごみ処理施設等の管理にかかる委託料等の増加がその主な要因と考えられる。

物件費はともかく，法令や契約等で支出が義務づけられている扶助費の削減は難しく，介護保険事業や後期高齢者医療事業への繰出金についても，高齢化の進展等で今後も増加することが予想される。

では一般財源等の増加の見込みについては，どうであろうか。図 5-9 は，西条市の経常一般財源等の推移を示している。この図から，一般財源等の約 7 割を構成する地方税等（市税・譲与税，各種交付金等）は 07 年度には 190 億円を超えていたが，近年は 180 億円前後で推移していることがわかる。市税について

12）扶助費，繰出金，物件費の増加要因に関する下記の記述は，それぞれ西条市『地方財政状況調査』各年度版に基づく。

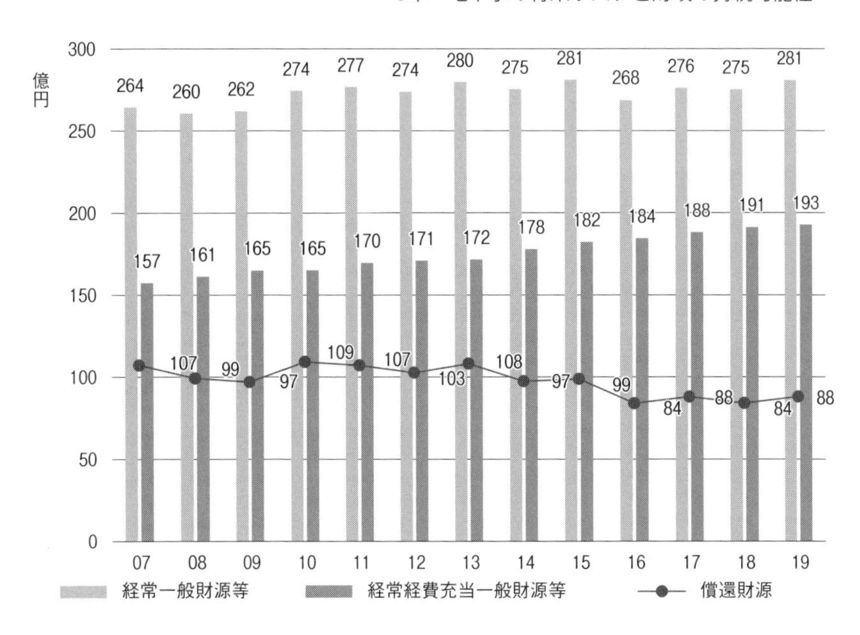

図 5-7　西条市の償還財源の推移（西条市『地方財政状況調査』及び『財政状況資料集』各年度版より作成）

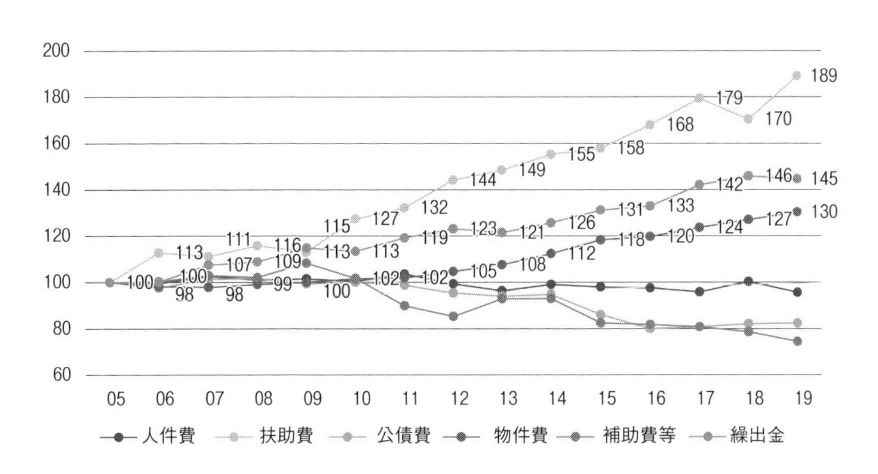

図 5-8　西条市の経常経費充当一般財源等（性質別経費）の伸び（05 年度＝ 100）
（西条市『決算カード』各年度版より作成）

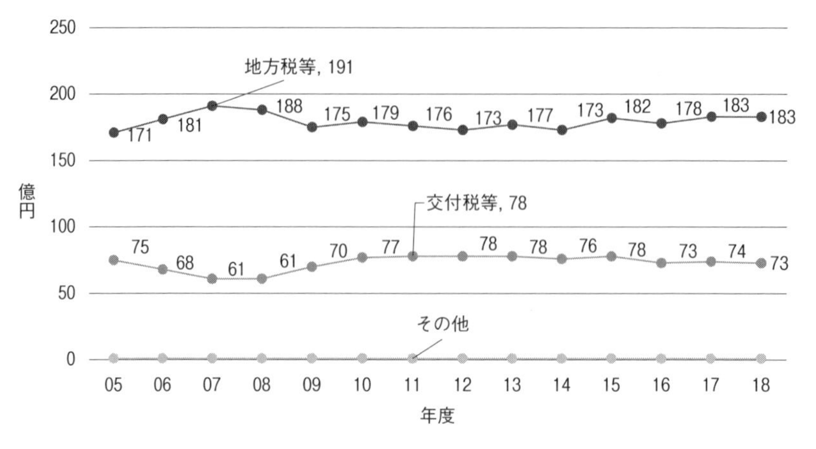

図 5-9　西条市の経常一般財源等の推移（西条市『決算カード』各年度版より作成）

は，新型コロナウイルス感染症の影響による市民税（個人・法人）の減収や評価替えによる固定資産税の減収により，20 年度決算見込み額を大きく下回ると見込まれている（西条市, 2021：2)。また，西条市では今後，総人口や生産年齢人口が急速に減少することが予測されており [13]，その影響で市税については長期的にも増加を見込める状況にはない。

一般財源等の約 3 割を占める交付税等（普通交付税，地方特例交付金，交通安全対策特別交付金）については，11 年度には 78 億円まで増加していたが，16 年度以降は減少傾向にある。交付税等の大半を占める普通交付税は，合併算定替特例によって，合併から 10 年間は合併前の旧 2 市 2 町が存続した場合に算定される交付税額の合算額が国によって保障されてきたが，15 年度から段階的に縮減期に入ったからである。

普通交付税は 20 年度には一本算定となるうえに，交付額を規定する基準財政需要額の約 8 割は人口をベースに算定されているため，人口減少は基準財政需要額の算定額の減少につながる [14]。図 5-10 で示されているように，西条市

13）西条市では，総人口や生産年齢人口が社人研の推計値を上回る勢いで減少している。
14）地方交付税の算出方法は，「基準財政需要額－基準財政収入額」であるため，基準財政需要額が多いほど，地方交付税が増える。

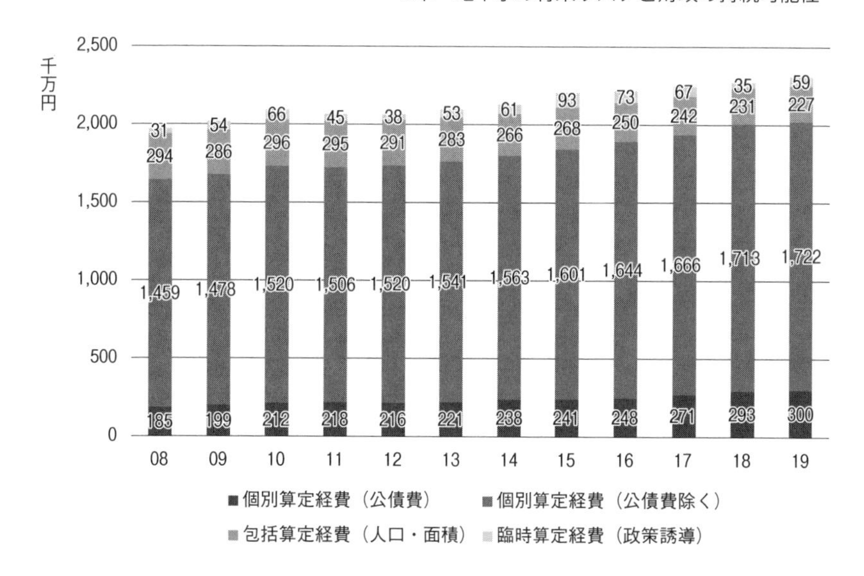

図 5-10　西条市の基準財政需要額の推移（西条市『交付税算定台帳』各年度版より作成）

では合併算定替の効果もあって基準財政需要額の総額は増加傾向にあるが，包括算定経費については，11 年度以降，減少し続けていることがわかる。包括算定経費は特に人口の動向に大きく左右される項目であることから，西条市では人口減少に伴い，今後も包括算定経費がさらに減少することが見込まれる[15]。また，臨時算定経費についても，15 年度までは増加傾向にあったが，その後は減少していることがわかる。臨時算定経費は当初，いわゆる条件不利地域に配慮したものであったが，16 年度には行革努力を反映した「トップランナー方式」が導入され，その成果次第で交付税額が変動する仕組みになっている。実際，16 年度以降，臨時算定経費が減少傾向にあるのはそのためである。臨時算定経費の獲得には常に不確実性を伴い，国の政策変更に左右されるリスクがある。

15）ただし西条市では，地方交付税は人口減少の影響はあるものの，公債費の償還に応じて微増し，2028 年度までは 80 億円後半～ 90 億円台の確保が見込まれている（西条市財務部提供資料「西条市の財政状況と今後の見込み」）。

●**診断の結果**

以上，西条市の債務償還可能年数が長くなり，償還能力が低下しつつあるのは，純債務が増加傾向にある一方で，償還財源が減少しているからである。前者については合併後の相次ぐ大規模事業で市債残高が増加していることがその主な要因であり，しかもその償還はこれから本格化することから，今後は公債費の大幅な増加が見込まれている。他方，後者については扶助費や繰出金などの経常経費の増加がその主な要因であるが，義務的経費である扶助費の削減は難しく，高齢化の進展等で介護保険事業等への繰出金については今後も増加が見込まれている。そのうえ，今後人口の急速な減少が予測されている西条市では，市税や普通交付税の増加は長期的にも見込める状況にない。

したがって，西条市が財政の持続可能性を確保するには，債務償還可能年数の上限を設定したうえで，下記のような取り組みによって償還能力の低下に歯止めをかける必要がある。

・大規模な投資を控えて起債を抑制し，純債務を削減する。
・経常経費とりわけ公共下水道事業会計への基準外繰出や物件費を抑制するとともに，公共料金等の見直しや独自課税等の導入を検討し，償還財源を確保する。

しかし，これらを進めるためには，世代間の公平に立脚した投資とその大前提となる老朽化して更新期を迎えている公共施設の再編，「水の都・西条」にふさわしいまちの将来ビジョンと整合的な行革が求められる。行革とは本来，どれだけ効率化したのかということだけでなく，どれだけ住民生活の質向上に資することができたのかが問われなければならないからである。言い換えれば，

16）ここでいう「特別の利益」とは，地下水そのものから得られる便益に限らない。たとえば，全国の自治体では人口減少による水道事業の経営難で老朽化する施設の更新が滞り，水道関連の事故が相次ぐ問題が深刻化しているが，水道普及率の低い西条市では水道料金はもとより水道施設の建設や更新にかかる巨額の費用をかなりの程度，負担せずに済んでいる。これは，西条市をはじめとする関係者が地下水保全に取り組み，地下水を維持管理してきたからに他ならない。

行革は住民参加の下で策定された総合計画と整合的な形で取り組むことが肝要となる。

 おわりに

本章では，西条市が抱える地下水問題と将来リスクに備えて求められる新たな施策を確認するとともに，合併後にどのような財政運営を行ってきたのか，また今後いかなる財政リスクを抱えているのかを検証してきた。普通交付税の一本算定への移行で財政制約が今後一層厳しくなる中，西条市が地下水を保全・管理するための施策を実施するにあたっては，可能な限り費用をかけずに，関係者が協力して取り組んでいくことが必要である。それでもなお，本章で紹介した地下水保全施策は，市民の共有財産である地下水の持続可能な利用，さらには健全な水循環を実現するために新たに必要になるものである。しかし西条市では，そうした施策にかかる費用の財源は，地下水からいわば「特別の利益」を享受してきた受益者から調達されている部分はきわめて少ないように思われる[16)]。

序章で述べたように，西条のまちを潤す地下水の便益は広く市民一般にもたらされるものであり，その受益者は地下水の直接の利用者に限るものではない。地下水保全施策は単に地下水を保全するためのものだけでなく，西条のまちづくりをあらゆる面で支えているという意味で，市民共通の必要を満たすためのものなのである。地下水を持続的に維持管理していくためには，「地域公水」の理念に基づいた，“分かち合い”の財源確保策が求められる。

引用・参考文献

小西砂千夫（2012）．『公会計改革の財政学』日本評論社

西条市（2021）．『令和３年度当初予算の概要』〈https://www.city.saijo.ehime.jp/uploaded/attachment/48228.pdf〉（2022 年２月５日確認）。

西条市（2017）．『西条市地下水保全管理計画』〈https://www.city.saijo.ehime.jp/uploaded/attachment/25984.pdf〉（2022 年２月５日確認）

佐々木和乙（2010）．「「水の都・西条市」の挑戦―地域の水の統合的管理を目指し

て」『地下水学会誌』, **52**(1), 75–77.
中野孝教（2010）.「西条の水から地球環境を診る」総合地球環境学研究所［編］『未来へつなぐ人と水―西条からの発信』創風社, pp.38–65.

公共部門と民間部門による協働型地下水保全

西条市地下水利用対策協議会を例に

6章

遠藤崇浩

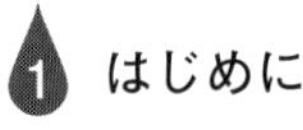

はじめに

2014年に水循環基本法が成立，翌年には水循環基本計画が策定されるなど，水に関する総合的な政策形成が進められている。この法律は「健全な水循環」の確立を目指すものであり，その影響は多方面に及ぶ。地下水は水循環の重要な一部でありながら，これまで十分な管理体制が構築されてこなかった。しかし2021年6月に「水循環基本法の一部を改正する法律」が公布され，「地下水の適正な保全及び利用」に関する条文が設けられるなど，地下水の有効活用に向けた新たな動きが生じている。

水循環基本計画は新しい管理体制として，地方公共団体，中央官庁の地方支分部局，地下水利用者，その他関係者からなる地下水協議会の設置に言及している。その役割は地域の地下水の実態を把握し，その保全および活用に関する方針を定めることである（谷口，2016）。

地下水協議会は地方公共団体といった公共部門と地下水利用者といった民間部門が合同で地下水管理にあたる点が大きな特徴となっている。一般に，政府が一元的に集合利益を設定し，上意下達方式でその実現を図る従来の政策形成過程に対し，公共部門のみならず多様な主体が参加する意思決定過程は，「ガバナンス」と呼ばれている（新川，2011）。地下水協議会の構想はこうした協働型統治を地下水管理分野にあてはめるものであることから，今後は地下水ガバナンスの具体化が課題となるという意見がある（田中，2015）。地下水利用は流域の自然および社会条件を強く反映する。したがって，地下水協議会の組織体制，機能は先進事例を参照しつつ，地域特性に合ったものにしていくのが望ましい。

この視点に立つと全国各地で展開されている地下水利用対策協議会は，今後の地下水ガバナンスを考えるうえで重要なモデルになり得る。これは1967年に静岡県富士市で創出された岳南地域地下水利用対策協議会（岳水協）を皮切りに広まったもので，本章の焦点である西条市の道前地域地下水利用対策協議会（2006年7月18日に西条市地下水利用対策協議会へと名称変更）もその一例である。その詳細は地域ごとに異なる面があるが，同協議会は地域の地下水利用者と行政から構成される組織で，地下水保全を念頭に創出された点で一致している。しかもなかには地下水利用者側が採取量に応じて支払う会費と，行政の負担金をあわせることで，様々な地下水関連事業を展開する財政的な仕組みを伴うものすらある。

これは「ガバナンス」なる言葉が登場する以前から公共部門と民間部門の協働を実現していた事例といえる。しかしながら関連する先行研究は岳水協の取組みをまとめた報告書が若干ある程度で（たとえば，岳南地域地下水利用対策協議会, 1978），その波及先の研究はほとんど見当たらない。そこで本章では西条市地下水利用対策協議会の設立の経緯，制度設計，機能を明らかにすることを目的とする。そしてその考察を踏まえたうえで，西条市のみならず地下水の有効利用を試みる他の自治体を念頭に，今後検討すべき事項を提言したい。

ここで予め本論の流れを記しておく。まず次の2節で地下水利用対策協議会の概要と地理的分布を述べる。続く3節で西条市地下水利用対策協議会の歴史・制度・機能を紹介する。そして4節で他地域の協議会との比較を行い，今後の検討課題を提示する。そして最後の5節でまとめを行う。

 地下水利用対策協議会

地下水利用対策協議会は各種政府機関と地下水利用者が共同で組織を作り，官民一体で地下水保全を図るものである。これはもともと通商産業省（現・経済産業省）が地下水障害の発生地域又はその恐れのある地域を対象に，地下水利用適正化調査を行い，地下水の合理的な利用を支援する中で生まれたものである。近ごろの動向をみると，2017年7月には全国25地域で，2022年4月時点にはやや減少しているものの，全国22地域で設置されている。その団体の名称一覧および地理的な分布を図6-1に示す。2017年以降に解散したものについては×印を付してある。この図が示すように東北地方の宮城県気仙沼市から四国の愛媛県西条市まで日本各地に分布している。これらの団体は全国地下水利用対策団体連合会（地団連）を形成しており，その事務局は社団法人日本工業用水協会内に置かれている。この方式は静岡県富士市が起点となったこともあり，地団連の会長は富士市の市長が代々つとめてきた。（静岡県富士市役所への聞き取り調査, 2016年8月29日）。

図6-1が示すように静岡県，山形県，富山県に多数の協議会が設立されてい

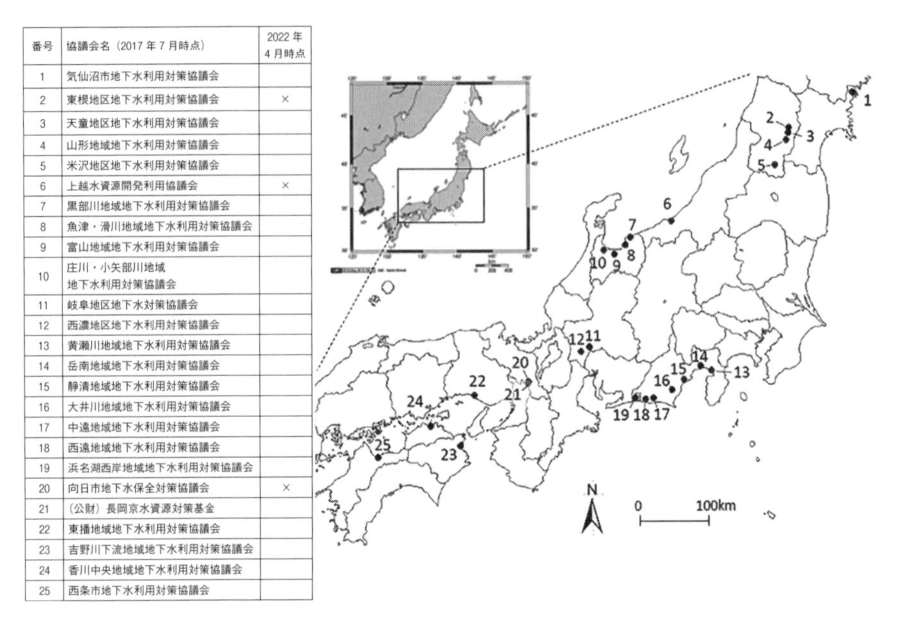

番号	協議会名（2017 年 7 月時点）	2022 年 4 月時点
1	気仙沼市地下水利用対策協議会	
2	東根地区地下水利用対策協議会	×
3	天童地区地下水利用対策協議会	
4	山形地域地下水利用対策協議会	
5	米沢地区地下水利用対策協議会	
6	上越水資源開発利用協議会	×
7	黒部川地域地下水利用対策協議会	
8	魚津・滑川地域地下水利用対策協議会	
9	富山地域地下水利用対策協議会	
10	庄川・小矢部川地域 地下水利用対策協議会	
11	岐阜地区地下水対策協議会	
12	西濃地区地下水利用対策協議会	
13	黄瀬川地域地下水利用対策協議会	
14	岳南地域地下水利用対策協議会	
15	静清地域地下水利用対策協議会	
16	大井川地域地下水利用対策協議会	
17	中遠地域地下水利用対策協議会	
18	西遠地域地下水利用対策協議会	
19	浜名湖西岸地域地下水利用対策協議会	
20	向日市地下水保全対策協議会	×
21	（公財）長岡京水資源対策基金	
22	東播地域地下水利用対策協議会	
23	吉野川下流地域地下水利用対策協議会	
24	香川中央地域地下水利用対策協議会	
25	西条市地下水利用対策協議会	

図 6-1　地下水利用対策協議会の分布状況（全国地下水利用対策団体連合会ホームページを基に筆者作成）

る。静岡県富士市では製紙に代表される用水型企業の進出に伴い，過剰揚水とそれに起因する塩水侵入が深刻化した。先述の岳水協はこの問題に対処すべく1967 年に発足した。その後，1977 年に「静岡県地下水の採取に関する条例」が制定され，第 5 条にて地下水利用対策協議会の規定が定められた。現在，岳南・静清・大井川・中遠・西遠の 5 地域が条例の定める規制地域に指定されており，それぞれに地下水利用対策協議会が設置されている。またこの他に黄瀬川・浜名湖西岸等の地域が自主的に協議会を設けている（静岡県くらし・環境部環境局水利用課, 2015）。山形県では 1960 年代後半に地盤沈下が顕在化し，この問題に対処するため 1976 年に「山形県地下水の採取の適正化に関する条例」が制定された。その第 3 条は地下水採取適正化計画の策定について定めており，これを具体化する一環として県内各地に地下水対策利用協議会が創出された（山形県, 1976）。そして最後に富山県だが，1970 年に庄川・小矢部川地域地下水利用対策協議会の前身である庄川下流地域地下水利用対策協議会が設置され，それ以降県内各地に広まっていった（富山県生活環境文化部環境保全課, 2017）。

地下水利用対策協議会はそれぞれの地域固有の事情を反映しており画一的ではない。しかし先駆的事例である岳水協を念頭におくと，その主な特徴は以下の通りになる。すなわち①官民協調による自主規制方式，②越境型の自治体連携，③会費制による財源確保である。

地下水は共有資源の典型事例であり浪費されやすい。地下水利用対策協議会の主たる目的は主に工業用地下水の過剰採取を防ぎその保全を図る点にある。それは工場等の地下水利用者がまったく自主的に利用量を削減する手法もあれば，工業用水法（1956年）のように強制的な措置を備えたものもある。官民協調による自主規制方式とは，いわばその中間であり，各種政府機関と地下水利用者が討議を通じて地下水保全を図る手法である（勝山，1967；岳南地域地下水対策協議会，1978）。

次に同協議会は市町村の行政区域を越えて形成される場合がある。たとえば岳水協は富士市内で地下水を500m^3/日（ポンプ口径21cm^2）以上使用する125社を対象として発足したが（勝山，1967），現在では協議会の裾野が広がり富士宮市，静岡市の地下水利用者も会員として参加している。これに伴い会員数も増えており，2015年度末の段階で200となっている。その会員の所在地であるが富士市129，富士宮市57，静岡市14という内訳になっており，行政区を越えた連携が実現している（岳南地下水利用対策協議会，2016）。これは先述の富山県内の4協議会にもあてはまる（富山県生活環境文化部環境保全課，2017）。だが長岡京水資源対策基金のように会員が一つの市内に限定されている例もある（京都府長岡京水資源対策基金への聞き取り調査，2016年8月26日）。

そして最後に財源調達だが定額の均等割と地下水揚水量に応じた水量割の組み合わせによる会費制を採用している事例がみられる。この方式は，少なくとも岳水協，西濃地区地下水利用対策協議会（西濃地区地下水利用対策協議会，2016），そして本章の焦点である西条市地下水利用対策協議会にて採用されている。これらの協議会は地下水利用者の会費，行政機関の負担金，金利収入等を財源とし，様々な地下水保全活動を行っている。

西条市地下水利用対策協議会

●愛媛県西条市の概要

愛媛県西条市は瀬戸内海の燧灘に面し，東部に加茂川・室川によって形成された西条平野が，西部には中山川・大明神川によって形成された周桑平野が広がっている。この二つの平野は合わせて道前平野と呼ばれる。その大きさは東西約 20km，南北でいえば西縁が 13km，東縁が 3.5km，面積約 100km^2 である（通商産業省四国通商産業局, 1969)。2004 年 11 月，この道前平野に位置していた東予市，丹原町，小松町，旧西条市が合併して「西条市」が形成された。2020 年 9 月末時点の人口は約 11 万人であり，愛媛県でいえば松山市，今治市，新居浜市に次いで 4 番目に人口の多い場所である（西条市ホームページ)。また水資源と深く関わる降水量についていえば，1981 年から 2010 年までの年間平均値は 1392.7mm となっている（気象庁ホームページ)。参考までに道前平野における旧市町村，主要河川の配置を図 6-2 に示す。この図の中で黒の実線は河川を，白の点線は合併前の市町村境界を表している。

西条市では古くから地下水が活用されてきた。天保 13（1842）年に日野和煦が編述した『西條誌』内「巻之十」に「打抜泉」という項目があり，地下水が農業用水として利用されていたことが記されている（西条市・愛媛大学, 2001)。「打抜」は他の地方において打込・掘抜・堀貫と呼ばれる技法であり，地中深くにある岩盤を打ち抜いてそれによって被圧されている地下水を得ることからこの名前が付けられた。今では「うちぬき」とひらがな表示されることが多く，技法だけでなく，それによって開削された自噴井戸そのものを指す言葉としても用いられている（三木, 2004)。旧西条市の調査によれば，西条平野にはうちぬきが生活用約 1,650 本，農業用約 300 本，その他合わせて約 2,000 本も存在するという。このことから西条市は地下水の街として知られている（西条市, 2001)。

●愛媛県道前地区地下水利用適正化調査

西条市地下水利用対策協議会の発足は 1968 年に当時の通商産業省四国通商産業局が行った「愛媛県道前地区地下水利用適正化調査」に端を発する。当時，工業地帯における地下水の無計画な汲み上げとその副産物である地盤沈下は大

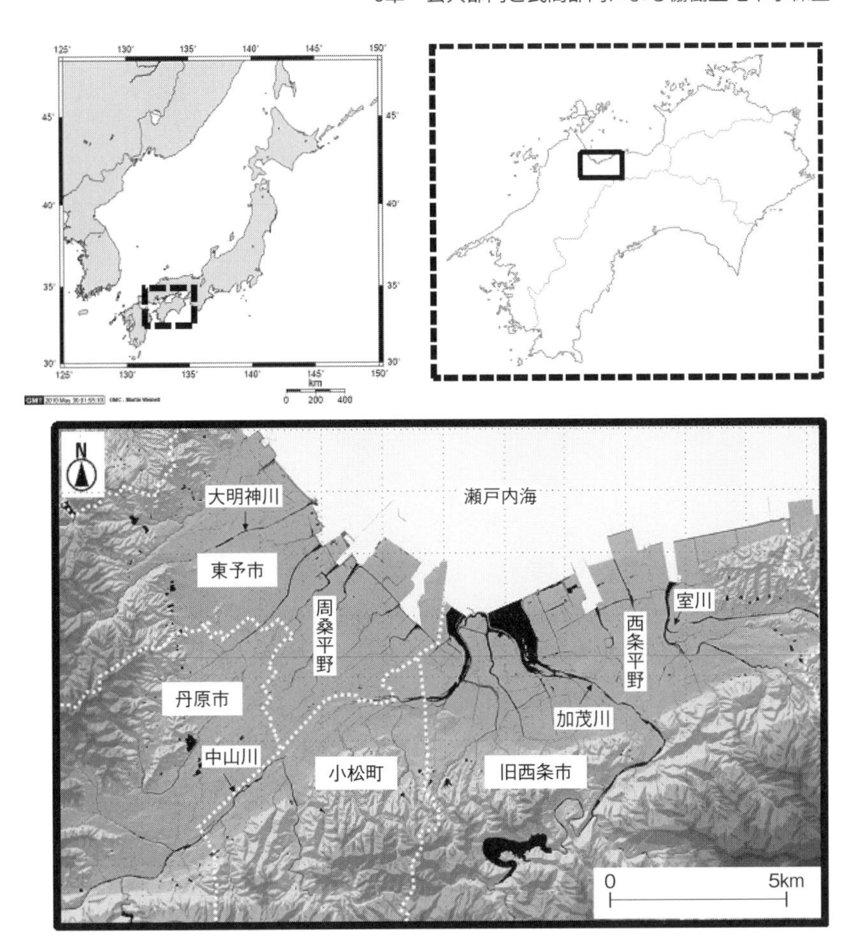

図 6-2　道前平野における旧市町村および主要河川の配置

きな社会問題となっていた。上記調査はこれを背景に，①工場の進出に伴い地下水汲み上げが急速に拡張しつつあり，また今後も増加を続けることが予想される地区，②地下水位の低下あるいは塩水混入等によって既に産業および住民生活に大きな影響が及んでいる，または近い将来及ぶと予想される地区を重点的に取り上げ，地下水の適正利用計画策定を通して地下水の過剰汲み上げ予防および産業の継続的な発展を図ることを目的としていた（通商産業省四国通商産業局, 1969）。

1962年に新産業都市建設促進法が国会にて成立した。これは産業の発展に伴い工場が東京や大阪などを中心とした地域に集中することの弊害を除くため，地方開発の拠点となる新しい産業都市の育成に国庫助成金を支払うものである。旧西条市では古くから製紙，繊維，食品工業等の中小企業が数多く立地していたが，1964年に新産業都市建設促進法の指定を受けて東予新産業都市計画が開始された。これにより海岸部埋め立てによる工業用地および港湾施設の造成，それら工場群に給水する工業用水道の建設等の大規模開発が進められた（久門，1966；愛媛県史編さん委員会，1988）。特に化学繊維工業はこの地区の主要産業だったが，温度および水質面から生産過程において地下水が使われていた。当時，道前平野に地下水の採取規制はなかったため，このまま無計画な地下水汲み上げを放置すれば，工業部門のみならず，地下水を共有して用いている農業部門や生活部門にまで悪影響が及ぶ懸念が生じた。こうしたことから道前平野が上記調査の対象地として浮上した（通商産業省四国通商産業局，1969）。

●工業用水利用状況

愛媛県道前地区地下水利用適正化調査ではアンケート手法による工業用水使用の実態調査と観測井設置による水理解析が行われた。前者については旧西条市と周桑郡壬生川町（後の東予市の一部）にある従業員30人以上の事業場が対象となった。調査時点で該当する工場は全部で28あり，旧西条市に18，壬生川町に10分布していた。なおデータには1970年の値も現れるがそれは計画値を表している。その結果を述べれば以下のようになる。

まず図6-3を用いて当時の工業用水の水源をみてみよう。図からは工業用水のおよそ6割から7割が井戸水と伏流水で賄われていたことがわかる。ここでいう井戸水とは浅井戸，深井戸，湧水から取水したものを指し，伏流水とは河川敷もしくは旧河川敷内で地下に埋めた施設から取水したものを指す。また井戸の分布についていえば，旧西条市にあった18工場のうち17工場が，また壬生川町にあった10工場すべてが井戸を所有していた。その本数は前者が76本，後者が28本の総計104本だった。

次に1967年の工業用水の利用実績とその用途を図6-4に示す。図が示すように工業用水の半数近くが洗浄目的に使われていた。それに続き冷却用，温度

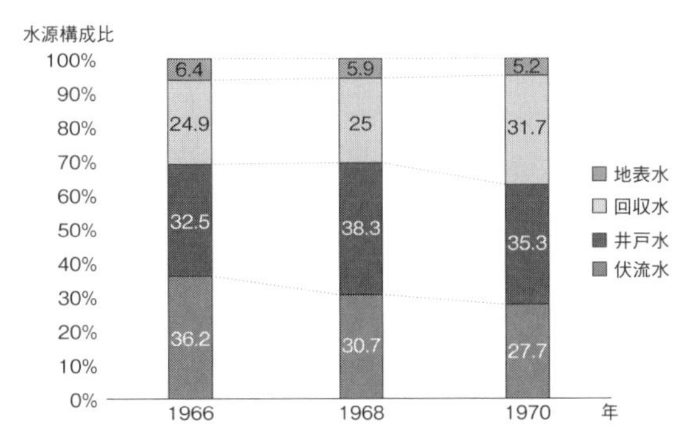

図 6-3　工業用水の水源内訳（通商産業省四国通商産業局（1969）を基に筆者作成）

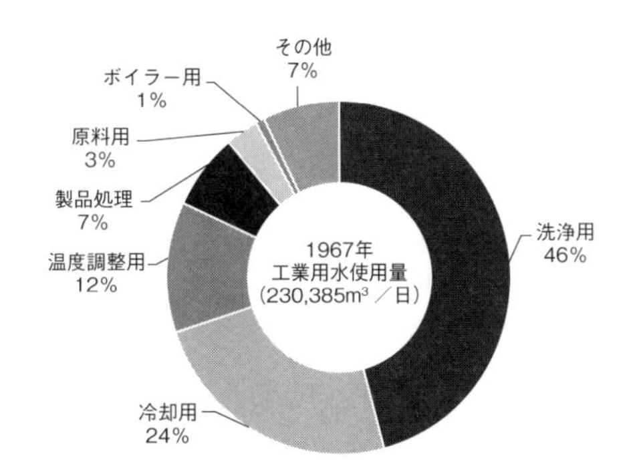

図 6-4　1967 年工業用水使用量およびその用途（通商産業省四国通商産業局（1969）を基に筆者作成）

調整用と続いている。地下水は地表水に比べて水温の変化幅が小さいので（恒温性），こうした温度管理に用いられることが多い。温度管理にあたっては水質の良しあしは重要視されないので，温度条件さえ満たせれば回収水でも同様の効果が期待できる。図 6-3 で回収水の利用計画が拡大しているのはこのことが一因と考えられる。

●愛媛県道前地区地下水利用適正化調査の提言

愛媛県道前地区地下水利用適正化調査では同時に，地質分布，地下水位観測，帯水層の透水係数等を勘案した水理解析も行われ，そこから地下水の開発可能量を算定した。調査結果の概要を述べれば次のようになる。まず道前平野の地下地質は浅い順に A〜C 層と名付けられた 3 層に分かれている。西条市お

表 6-1　井戸水利用量と開発可能量（m^3/ 日）（通商産業省四国通商産業局（1969）を基に筆者作成）

	1967 年（実績）	1970 年（計画）	開発可能量
西条市	50,274	70,927	100,000
壬生川市	29,251	31,177	73,000

よび壬生川町で既に利用されている地下水は主にＡおよびＢ層からのものであり，周桑平野にある最深部Ｃ層に蓄えられている地下水は未開発部分が多い。そして塩水侵入などを避けつつ継続的に利用できる地下水開発可能量は西条平野で 100,000m^3/ 日，周桑平野で 73,000m^3/ 日と試算された。帯水層別にみるとＡ層から採水する井戸の適正な汲み上げ量は１本あたり 2,400m^3/ 日，Ｂ層からのそれは 1,200m^3/ 日と推定された。

表 6-1 はこの開発可能量と調査時の井戸水利用量を比較したものである。この表からもわかるように利用実績ならびに利用計画双方とも開発可能量を下回っており，早急に利用削減が必要というわけではなかった。しかしながら，道前平野には工業用井戸の他，多数の自噴井があり，また地下水は一般家庭でも直接飲用に供されていた。こうした点を鑑み，同調査は開発可能量に達していない段階であっても井戸の相互干渉を極力さけるよう計画する必要があるとの提言を行った（通商産業省四国通商産業局, 1969）。

●道前地域地下水利用対策協議会

この提言を受け，通商産業省四国通商産業局，関係市町村，地元企業によって協議会設置に向けた準備が進められ，1973 年 11 月に道前地域地下水利用対策協議会が正式に発足した（通商産業省四国通商産業局, 1973）。同協議会の制度概要は発足時に承認された規約に記されている。同規約は全部で 16 条からなり，協議会の目的，内部組織，井戸の届け出制，財源等について定められている。

まず目的だが，道前地域（旧西条市，東予市，丹原町，小松町）における地下水保全かん養及び地下水の合理的利用を推進し地域の健全な発展に資することに設定された。協議会の活動内容は，上記目的を達成するために地下水観測，地下水の適正かつ合理的な利用の促進，その他必要な事柄を行うことである（道

前地域地下水利用対策協議会, 1980a)。

この協議会の構成員は「地域内の地下水利用者，国，県及び関係市町等の代表者」と定められた。具体的には通商産業省四国通商産業局，上記4市町村，地下水利用者（500m^3/日以上の地下水採取をする企業22社）を指す（西条市, 1984)。なお2016年5月時点のメンバーは経済産業省四国経済産業局産業部，西条市，市内16企業という構成になっている（西条市地下水利用対策協議会, 2016)。さらに協議会の内部に具体的な企画立案および専門的事項の調査を行う組織として，地下水利用対策委員会が設置された。

また協議会の発足と同時に，それまでの無計画な地下水採取を是正するため井戸の管理体制が整備された。まず既存井戸については協議会への届け出を要請することになった。また将来の新規井戸については，その揚水量，ストレーナーの位置等について協議会へ届け出を行い，上記地下水利用対策委員会の承認を得なければ設置できなくなった。当然のことながら承認あるいは却下を検討するにあたって審査基準が必要になる。そこで先述の愛媛県道前地区地下水利用適正化調査の勧告に従って，A～Cの各層ごとに取水基準が設けられ，許可を経るにはひとつの井戸につき一日当たりの汲み上げ量がA層で2,400m^{3}以下，B層で1,200m^{3}以下，C層で1,000m^{3}以下であることが要求された（通商産業省四国通産産業局, 1969；道前地域地下水利用対策協議会, 1980b)。

最後に財政だが，地下水利用者が支払う会費と行政の負担金が主要な資金源になっている。会費は揚水量に関係なく一定額を支払う均等割部分と揚水量に応じた金額を支払う用水量割の二階建て方式となっている。これにその他収入（預金金利や外部から不定期に得られる調査活動費など)，前年度からの繰越金が合わさったものが当該年の歳入となる。これについては後ほど再び詳述する。

 考　察

●地下水規制の効果

こうした制度概要をもつ協議会は地下水保全に効果があったのだろうか？図6-5は協議会の会員企業を西条平野立地のものと周桑平野立地のものに分け，それぞれの地下水揚水量の時系列変化を記したものである。同時に愛媛県道前

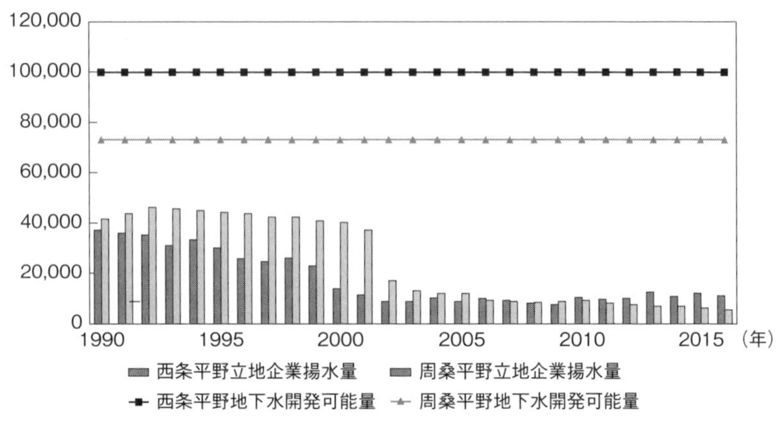

図 6-5　地下水開発可能量の上限値と協議会会員による地下水揚水量

地区地下水利用適正化調査で塩水侵入などを避けつつ継続的に利用できるとされた地下水開発可能量の上限値（西条平野で 100,000m^3/ 日，周桑平野で 73,000m^3/ 日）も記してある。データが揃う 1990 年以降についていえば，西条平野でも周桑平野でも会員企業による地下水揚水量はその上限値を大きく下回っている。

ただし同協議会の効果を検討するには次の二点もあわせて考慮する必要がある。まず道前地域地下水利用対策協議会は工業セクターにおける地下水利用者で形成されたものであり，別の大口利水者である農業セクター，水道事業者，地下水を直接飲用に用いている一般家庭からの参加はない。こうした他のセクターもあわせた地下水総揚水量についていえば，長期にわたるデータが整備されていない。試みに 2007 年から 2008 年にかけた西条平野の総揚水量をみてみると，5 月から 9 月にかけたかんがい期には 300,000m^3/ 日を越える月もあり，今後も継続的な観測が必要な状態となっている（西条市, 2017）。

次に同協議会は無計画な地下水揚水に一定の歯止めをかける措置ではあったが，他にも工業用地下水利用の制限に寄与した要因がある。代替水源（工業用水および回収水）の開発である。図 6-6 は愛媛県による『工業統計調査結果報告書』とその後続である『愛媛の工業』を基に作成した水源転換の経緯である。これは市町村合併以前は旧西条市・東予市・丹原町・小松町の各市町村，合併以後は西条市における従業者 30 人以上の事業所を対象とした調査である。調

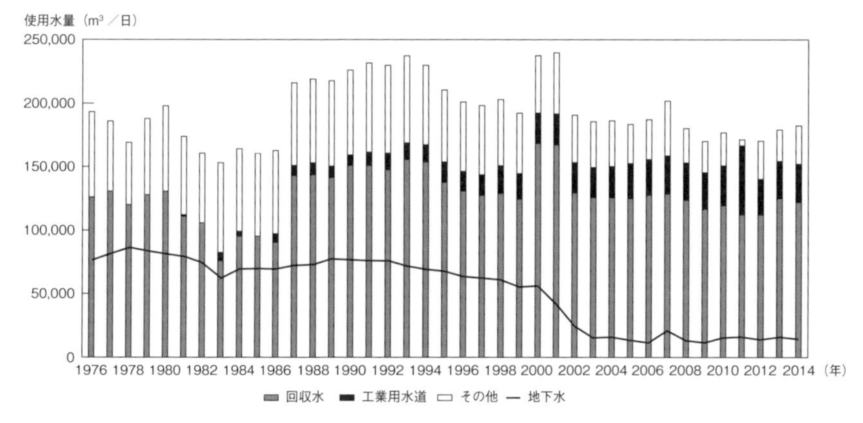

図 6-6　西条市における工業部門の水源転換

査対象が異なるため図 6-6 記載の地下水揚水量は必ずしも協議会会員によるそれと同じわけではないことに注意が必要だが，それでも回収水利用および工業用水道の普及に伴い地下水の利用が低下していった傾向が読み取れる。

回収水とはいわば水の再利用だが，これは地下水揚水の削減に効果がある。なぜなら水を繰り返し利用すればするほど新規の揚水が不要になるためである。先述のように，地下水は地表水に比べて水温の変化幅が小さいので冷却・温度調整といった目的に利用されることがある。温度管理にあたっては水質の良しあしは重要視されないので，温度条件さえ満たせれば新規の地下水でなくとも回収水で用を足すことが可能である。

また工業用水についていえば，その実現には長い年月がかかった。西条市では戦前の西条町発足当時より，海岸部の埋め立てによって工場を誘致し，その操業に必要な工業用水をダム建設によって確保する構想があった。これが具体化したのが東予新産業都市計画における沿岸部開発と加茂川における黒瀬ダム建設である。黒瀬ダムは 1973 年に完成し，主たる需要先である西条地区についていえば 1984 年から一部給水が開始され現在に至っている（西条市, 1984；愛媛県史編さん委員会, 1988）。

●資金調達方法

先述のように協議会の資金は主に会員が支払う会費によって賄われている。

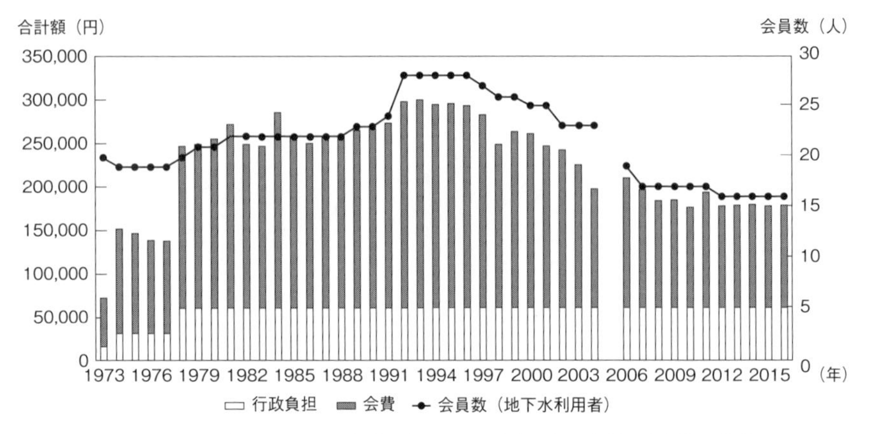

図 6-7　西条市地下水利用対策協議会における会費・行政負担・会員数の推移

会費は揚水量に関係なく一定額を支払う均等割部分と揚水量に応じた金額を支払う用水量割の二階建て方式となっている。現在，前者の均等割は一律 6,000 円であり，後者の揚水割は 1,000m^3/ 日あたり 800 円となっている。また協議会には市からも負担金が支払われており，その額は長年 6 万円 / 年に固定されている。厳密にいえばこれに雑費（預金金利や外部から得た調査活動費など）が加わる年もある。

図 6-7 は協議会の会費収入と市負担金の合計，および会員数の経年変化を示したものである。図 6-6 が示すように，地下水利用から工業用水へと水源転換が起きており，それに伴い会員数と会費収入は減少傾向にある。2016（平成 28）年度の会計決算によると，会費，負担金，前年度繰越金等を合わせた収入総額は 54 万 2,319 円である。その支出先だが，主に会議費や事務費に 18 万 6,298 円用いており，残りの 35 万 6,021 円が翌年度への繰越金となっている。この用途が示唆するように，この資金は人工涵養等の直接的な地下水保全活動ではなく，情報共有等に用いられている。なお同図では 2005 年部分についてデータが欠落しているが，これはその前年の市町村合併の影響から協議会の総会が開催されず，結果として会費の徴収もなかったためである（愛媛県西条市への聞き取り調査，2018 年 1 月 22 日）。

愛媛県県営工業用水道供給規程第 23 条は西条地区工業用水道の料金体系を定めている。それによると基本料金，超過料金，特定料金はそれぞれ 1m^3 あたり24.2円，48.4円，24.2円に定められている（愛媛県，1971）。料金体系が大きく異なるので一概に比較はできないが，協議会会費の揚水割単価は1m^{3}あたり0.8円であり工業用水料金に比べると非常に安価である。これは協議の会費が地下水利用の抑制には効果を発揮しておらず，むしろ協議会は新規井戸の届け出制をその主要手段として位置づけていることを示唆している。

●他の協議会との比較

先述のように先駆的事例である岳水協を念頭におくと，地下水対策利用協議会の一般的な特徴として，①官民協調による自主規制方式，②越境型の自治体連携，③会費制による財源確保が挙げられる（勝山，1967；岳南地域地下水対策協議会，1978）。このことは道前地域地下水利用対策協議会にもあてはまり，岳水協を起点とする強い連続性が観察される。①についていえば，同協議会は経済産業省四国経済産業局産業部，西条市，地元16企業から構成されている。また②についていえば旧西条市，東予市，小松町，丹原町が協議会発足時から参画している。

しかしながら③会費制による財源確保の部分について岳水協との間に大きな違いがある。岳水協においても財源は主に会費負担は均等割（1会員あたり1000円）と水量割の組み合わせによって定められるが，水量割については揚水量が多くなるほど単価が大きくなるよう設計されている（表6-2）。こうした料

表6-2　岳南地域地下水対策協議会水量割額（岳南地域地下水対策協議会（2016：84）を基に筆者作成）

等級	揚水量（m^3/日）		水量割額（円）
1	200,000以上		40,000
2	100,000以上	200,000未満	30,000
3	50,000以上	100,000未満	20,000
4	30,000以上	50,000未満	15,000
5	10,000以上	30,000未満	10,000
6	5,000以上	10,000未満	5,000
7	3,000以上	5,000未満	3,000
8	1,000以上	3,000未満	2,000
9	300以上	1,000未満	1,000
10		300未満	0

金体系は他にも西濃地区地下水利用対策協議会などでも採用されている（西濃地区地下水利用対策協議会, 2016）。資料欠落のため理由は定かではないが，道前地域地下水利用対策協議会ではこうした段階制を取っていない。

参考までに延べると現在，岳水協は地下水利用者の会費，行政機関からの補助金（静岡県，富士市，富士宮市，静岡市），繰越金等を財源とし，地下水位および塩水化調査事業，ブナ等の植樹といった地下水涵養事業等々の活動を行っている。その収支は2015年度のものを例にすると，全体の収入（約397万円）のうち73%が行政からの補助金，22%が会費，残りが繰越金等で賄われている。その用途であるが，最大の支出先は事業費（調査研究や涵養事業）であり，支出全体の82%を占める。具体的に述べれば，地下水位に関しては全体で42の観測点（富士地区12地点，富士宮地区16地点，富士右岸地区14地点）が設置されており，また塩水化調査も73本の観測井戸を通じて行われている（岳南地域地下水対策協議会, 2016：5–6, 8）

●自治体への提言——今後検討すべき課題

最後に西条市のみならず地下水管理を試みる他の自治体を念頭に，地下水管理に向けて今後検討すべき事項を指摘したい。地下水利用対策協議会は官民一体で地下水保全に取り組む点に大きな特徴があり，これは水循環基本法でいう地下水協議会のモデルになり得る。しかしながら地下水利用対策協議会の形成は工業用地下水の過剰採取問題を背景としているため，主に工業部門からの参加に限定されており，農業部門を含む他部門からの参画を促す方策を検討する必要がある。地下水は物理的に一体であり，工業部門のみが取水を制限しても他の部門との協働がない限り地下水保全は図れないためである。

これについては山形地域地下水利用対策協議会の取組みが参考になる。同協議会では工場だけでなく土地改良区や山形市も会員として参加している。これは農業部門における地下水利用が盛んだったことを背景としている。また山形市が会員となっているのは融雪利用目的で市役所自体が大口の地下水利用者になっているためである（山形県山形市役所への聞き取り調査, 2016年6月27日）。このように岳水協の派生先には地域の実情に合わせて制度を調整している事例があり，今後大いに参考にされてしかるべきである。実際，道前平野地下水利用対策協議会設立準備会合において工場のみならず上水道，農業，一般家庭へと段階的に加入を拡大していく案が検討された（西条市, 1970）。先述の西条市地下水利用対策協議会規約第9条第6項においても，地下水は「工業用水，上水道用水，その他これらに類する用水に使用するため，地域内において掘さくした井戸より取水するもの」と定義されており，工業用のものに限定されているわけではない。これは会員資格が工業セクターに限定されているわけではないことを意味している。

次に財源調達についていえば，財源確保はあくまで手段にすぎず，それ自体が目的であってはならない。まず地下水保全に向けた短期的・長期的な目標を設定し，その上でそれに必要な金額，調達方法を検討する必要がある。

こうした具体的な目標設定に根差した資金調達で参考になるのが長岡京水資源対策基金である。長岡京市では急速な都市化を背景に地下水枯渇や地盤沈下への懸念が生じ，1976年に「長岡京市地下水採取の適正化に関する条例」が制定され，続く1982年には水資源対策負担金制度が導入された。これは地下水保全に向けた地表水導入事業の実現を目標に，市内の地下水利用者が支払う負担金を長岡京水資源対策基金として積み立てるしくみである。これもまた採取量に関わらず支払う基本料金部分と採取量に応じて支払う従量制部分の2階建て方式の会費制を取っている。地表水導入事業である京都府営水道事業は2000年に実現したが，それまでの積立金から2億円を拠出し同事業を財政的に支援した。

また1976年の上記条例は，他の地方自治体と比べてかなり早期に地下水を「公水」と位置づけたものとして知られている。その後導入された資金積み立ての名称が，水資源対策負担金と名付けられた背景にはこの公水規定がある。すなわち地下水採取者が利用しているのは公の財産である以上，その保全に向けた支払いは「協力金」ではなく「負担金」とするのがふさわしいという考えである（京都府長岡京水資源対策基金への聞き取り調査, 2016年8月26日）。西条市地下水保全管理計画においても「地域公水」という概念を提唱しているが，長岡京の事例は「公水」規定とその後の制度設計との整合性を考慮する必要性を示唆している。

5 まとめ

本章では愛媛県西条市の道前地域地下水利用対策協議会に注目し，設立の経緯，制度設計，機能を明らかにした。そしてその考察を踏まえたうえで，西条市のみならず地下水管理を試みる他の自治体を念頭に，地下水管理に向けて今後検討すべき事項を提言した。

先に述べたように，道前地域地下水利用対策協議会と同様の取組みは全国各所にあるが，その研究はほとんど行われていない。協議会方式は各種政府機関と地下水利用者が共同で組織を作り，官民一体で地下水保全を図るものであり，今後の地下水管理制度設計に重要な先行事例となる。本稿でも示唆したが，各地の協議会は共通部分もあれば，地域の実情に合わせて異なる部分もあり，今後さらなる比較研究が必要である。また本稿では取り上げなかったが，この協議会方式は中央官庁，県，市町村，地下水利用者それぞれの役割分担を考察するうえでも恰好の材料を提供する。地下水は地域色の強い資源とはいえ，地下水観データの整備，自治体連携等の分野で広域行政の関与が必要な部分がある。こうした地下水管理における階層的な役割分担の在り方も今後検討すべき課題の一つに数えられる。

謝　辞

本研究を行うにあたって，八千代エンジニヤリング株式会社大阪支店寄附金「水環境保全の取組みに対する社会的合意形成の可能性検討」，代表　遠藤崇浩（大阪府立大学現代システム科学域准教授），2016年3月10日～2017年3月31日，科学研究費基盤研究B「世界水需給アセスメントと社会科学・社会制度研究の融合」（課題番号15H04047），代表　鼎信次郎（東京工業大学 大学院情報理工学研究科教授），2015年4月～2018年3月～2018年3月，科学研究費基盤研究B「日本型地下水ガバナンスの特徴と動態に関する理論・実証研究」（課題番号20H04392），代表 八木信一（九州大学経済学研究院教授），2020年4月～2023年3月の資金を活用した。また本稿の作成にあたり，愛媛県西条市環境衛生課から様々な資料を提供いただいた。この他，京都府長岡京市総合政策部総合計画推進課，静岡県富士市産業経済部産業政策課，山形県山形市環境部環境課からも様々な情報・助言を提供いただいた。さらに長野県安曇野市市民環境部生活課高野貴史氏，八千代エンジニヤリング株式会社総合事業本部社会計画部高森秀司氏，八千代エンジニヤリング株式会社大阪支店環境部山本晃氏（所属はいずれも2016年当時）からは聞き取り調査遂行の面で様々なご支援をいただいた。ここに記して感謝する。なお本稿の見解は筆者個人のものであり，上記組織のそれでないことを記しておく。

引用・参考文献

愛媛県（1971）.「愛媛県県営工業用水道供給規程」〈http://www.pref.ehime.jp/e65100/7656/documents/kyoukyuukitei.pdf〉（2018年1月3日確認）
愛媛県史編さん委員会（1988）.『愛媛県史—地誌II（東予東部）』
岳南地域地下水対策協議会（1978）.『岳水協10年のあゆみ』
岳南地域地下水対策協議会（2016）.『平成28年度通常総会』
勝山六郎（1967）「岳南地域の地下水利用対策の経緯と現状」『工業用水』, **107**, 80–87.
気象庁ホームページ〈http://www.data.jma.go.jp/obd/stats/etrn/view/nml_amd_ym.php?prec_no=73&block_no=0958&year=&month=&day=&view=〉（2017年12月31日確認）
西条市（1984）.『市政四十年の歩み』
西条市（1970）.「地下水利用対策協議会準備会メモ」（1970年11月18日）
西条市（2017）.『西条市地下水保全管理計画』〈https://www.city.saijo.ehime.jp/uploaded/attachment/25984.pdf〉（2020年10月20日確認）
西条市（2001）.『自然の宝…うちぬきと共に』
西条市・愛媛大学（2001）.『西條誌稿本（CD-ROM）』
西条市地下水利用対策協議会（2016）.『平成28年度定期総会議案資料』
西条市ホームページ〈https://www.city.saijo.ehime.jp/soshiki/citypromo/profile.html〉（2017年12月31日確認）
静岡県くらし・環境部環境局水利用課（2015）.『地下水調査報告書（平成26年版）』
新川達郎（2011）.「公的ガバナンス論の展開と課題」岩崎正洋［編］『ガバナンス論の現在—国家をめぐる公共性と民主主義』勁草書房, pp.35–55.
西濃地区地下水利用対策協議会（2016）.『西濃地区地下水利用対策協議会—通常総会資料（平成28年度）』
全国地下水利用対策団体連合会ホームページ〈http://www.wrpc.jp/chidanren/img/kyogikai.pdf〉（2018年1月1日確認）
田中　正（2015）.「これからの地下水ガバナンス」『地下水学会誌』, **57**(1), 73–82.
谷口真人（2016）.「持続可能な地下水の利用と保全—水循環基本法及び水循環基本計画の策定を受けて」『地下水学会誌』, **58**(3), 301–307.
通商産業省四国通商産業局（1969）.『愛媛県道前地区地下水利用適正化調査報告書』
通商産業省四国通商産業局（1973）.『道前地域地下水利用対策協議会設立総会の開催について（48四通開発第511号）』

道前地域地下水利用対策協議会（1980a）.『昭和 55 年度定期総会議案資料（道前地域地下水利用対策協議会規約）』
道前地域地下水利用対策協議会（1980b）.『昭和 55 年度定期総会議案資料（道前地域地下水取水基準）』
富山県生活環境文化部環境保全課（2017）.『地下水の現況（平成 28 年度）』〈https://www.pref.toyama.jp/documents/7662/01461944.pdf〉（2022 年 3 月 20 日確認）
久門範政［編］（1966）.『西條市誌』西條市
三木秋男（2004）.「わが故郷の打抜師たち」『天の水 地の水』（全国地下水利用対策団体連合会）, **148**, 9–26.
山形県（1976）.『山形地域地下水採取適正化計画』〈https://www.pref.yamagata.jp/documents/2203/eec.pdf〉（2020 年 10 月 20 日確認）

統計資料

愛媛県企画振興部統計課ホームページ（愛媛の工業）〈https://www.pref.ehime.jp/h12500/kougyou/2019kougyou/2019kougyou.html〉（2018 年 1 月 1 日確認）
愛媛県企画情報部統計課『愛媛の工業』
愛媛県調整振興部統計調査課『工業統計調査結果報告書』

聞き取り調査

愛媛県西条市への聞き取り調査（2018 年 1 月 22 日）
京都府長岡京水資源対策基金への聞き取り調査（2016 年 8 月 26 日）
静岡県富士市役所への聞き取り調査（2016 年 8 月 29 日）
山形県山形市役所への聞き取り調査（2016 年 6 月 27 日）

7章 豊富な地下水と住民意識
育水思考の醸成

増原直樹

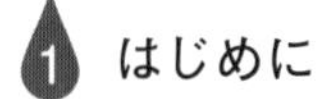

はじめに

日本の水循環についての法制度は，2014 年に制定された水循環基本法及び同法に基づいて 2015 年に閣議決定（2020 年に改定）された水循環基本計画を中心に整備されている。水循環基本計画は健全な水循環を維持・回復することを目的として，計画の基本方針として表 7-1 の 5 項目を掲げている。

こうした目的や基本方針に従って，流域における総合的かつ一体的な管理を実現するために，地方自治体，国の関係部局，専門家に加え，上流の森林から下流の沿岸域までの流域全体で水循環にかかわる利害関係者（事業者，団体，住民等）で構成される流域水循環協議会を，流域単位で設置することとされている。この流域水循環協議会が中心となって，流域マネジメントの基本方針等を定める「流域水循環計画」を策定することが期待されており，その策定過程や計画の実施過程では，利害関係者間の調整や新しい価値や取組みの共創を実現する必要がある（谷口，2015）。

このような「流域水循環計画」の視点から西条市をみると，まず加茂川や中山川といった河川流域は基本的に西条市内で完結していることから，複数の市町村にまたがる利害調整は不要と考えられる点が特徴的である。しかし，現在の西条市は 2005 年に 2 市 2 町が合併して誕生した区域であり，歴史的にみれば 2 市 2 町で分かれた行政区域が設定されていた年月の方が長いし，旧 2 市 2 町における水の使い方は表 7-2 のように異なっている。「流域水循環計画」の中で水の使い方に言及するのであれば，当然に地区ごとの差異を考慮した検討が必要となる。

まず水道の普及率は上水道，簡易水道をあわせて市内全域で約半数である。地区別の普及率は，旧小松町に相当する小松地区が 98.5% でもっとも高く，旧西条市に相当する西条地区は上水道，簡易水道をあわせても 24.1% と低くなっている。また，小松地区の水使用の特徴として，4 地区のうち 1 人 1 日当たり使用量が 245 ℓ ともっとも少なくなっている。逆に，西条地区の 1 人 1 日当たり使用量は，上水道と簡易水道を平均すると 332 ℓ ともっとも多くなっている。この要因として小松地区や丹原地区は水道料金が高く設定されているために節水意識が高く，さらに小松地区は渇水時の節水を余儀なくされた経験があると

表 7-1　水循環基本計画の基本方針

1. 流域における総合的かつ一体的な管理
2. 健全な水循環の維持又は回復のための取組の積極的な推進
3. 水の適正な利用及び水の恵沢の享受の確保
4. 水の利用における健全な水循環の維持
5. 国際的協調の下での水循環に関する取組の推進

表 7-2　地区別の給水人口，水道普及率，使用量，水道料金（西条市, 2017：33）

地区名	人口（人）	種別	給水人口（人）	普及率（%）	1人1日当たり使用量（ℓ）	水道料金（円）
西条地区	59,606	上	13,165	22.1	327	2,246
		簡易	1,191	2.0	392	
東予地区	30,890	上	21,577	69.9	277	2,419
丹原地区	12,418	上	7,436	59.9	283	2,840
		簡易	2,444	19.7	296	
小松地区	8,885	上	8,755	98.5	245	2,840
合計	111,799	上	50,933	45.6	285	466,872
		簡易	3,635	3.3	328	
		計	54,568	48.8	288	

注）「上」は上水道，「簡易」は簡易水道を示している。人口，給水人口，普及率は 2016 年 3 月 31 日現在。1 人 1 日当たり使用量，水道料金（1 ヶ月 20m^3 使用の場合）は 2015 年度実績。

されているが（西条市, 2017：33），西条地区の１人１日平均水使用量が多い説明はなされていない。

利害関係者の中で，水の量や質の観点から水利用者である市民や企業は重要な位置を占めており，西条市においても「うちぬき」や水道水など多様な水の利用者の意識や利害関心が，水循環政策に関する合意形成や施策実施段階で重要な役割を果たすと考えられる。そこで，以下では，水利用者の意識や利害関心を把握・評価する方法について，西条市で実施した調査を基に紹介する。まず水循環や水問題について，他の地域や国においてどのような住民等の意識調査がなされてきたのか，事例を簡単に紹介する（2 節）。

次に，西条市において 2015 年に実施した住民，企業担当者，中学生を対象とした意識調査の結果を報告する。さらに，それらの調査結果を地区別（3 節）やグループ別（4 節）に分析し，地区別の意識の違いやグループ別，つまり住民と企業担当者，中学生の間で水に対する意識が違うのかどうかを検討する。

最後に，5節で本章全体から地域の水循環政策を展望するために必要な視点をまとめる。

 水についての住民意識の調査事例

これまでに各地で実施された住民意識調査のうち，学術的に報告されているものには野田（1995），陸路（2004）などがある。野田の論文は，琵琶湖渇水に関する住民アンケート調査結果の概要を報告したもので，1994年に起きた琵琶湖渇水問題に関して，2,000名弱の流域住民を対象として渇水の影響や琵琶湖の水位低下の環境影響への評価などが分析されている。また，陸路の論文は，岐阜県における水循環に対する県民意識を明らかにし，問題解決のための具体策を評価したものである。

西条市をとりまく水循環問題を考える際に，渇水はゼロではないものの，それほど頻繁に起きる現象ではなく，また岐阜県における調査も範囲が広いため，今回は市域に限定した工夫が必要となる。そこで，同じような範囲で，地下水問題に関して利害関係者の意識を分析した増原・馬場（2016）を参考にしたい。

増原・馬場の論文は，地下水問題に対する行政関係者と住民の意識の差異に焦点を当てたもので，福井県小浜市と米国カリフォルニア州パハロ・バレーにおいてほぼ同一内容の意識調査を分析した結果を報告している。回答者は，地下水問題に関するイベントへの参加者（いずれも約30名）であることから，サンプル数は小規模であるし，そもそもイベント参加者は一般に比較して地下水問題への関心が高い点に注意が必要である。

具体的な調査方法としては，2014年10月から11月にかけて小浜市とパハロ・バレーの2地域において一部の設問を共通にしたアンケート調査を実施した。両地域共通の設問に対する調査結果からは，2地域の間では地下水問題に対する緊急度認識や地下水資源に関連する活動への参加頻度について大きな差がある可能性が示された（図7-1及び図7-2参照）。この差異の背景としては，パハロ・バレーにおける地下水問題に関する協議体制であるCommunity Water Dialogue（コミュニティ水対話：CWD）[1)] への参加が複数回の経験をもつ回答者

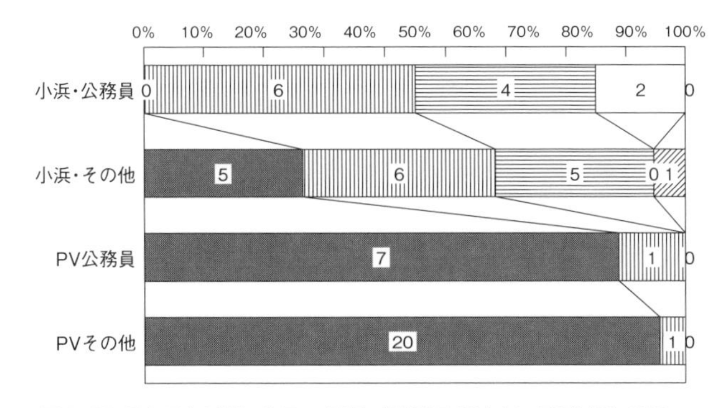

図 7-1　小浜市とパハロ・バレー（PV）における地下水問題への緊急度認識

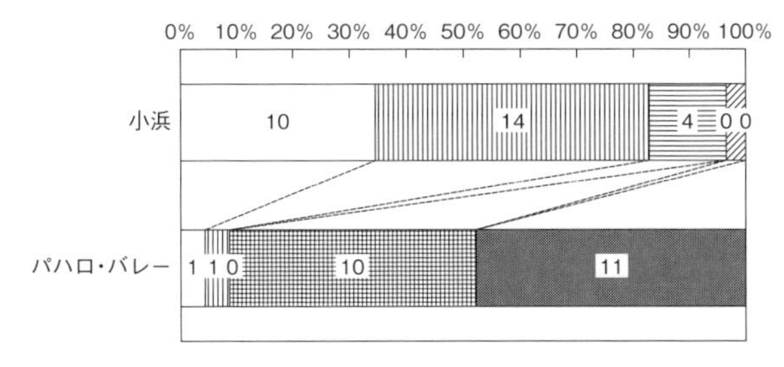

図 7-2　小浜市とパハロ・バレーにおける地下水関連活動への参加頻度

が約８割に達していることが影響している可能性が考えられる。

上記の事例から推測すると，西条市内の２市２町合併前の地区ごとに，地下

---

1) CWD はパハロ・バレーにおける水需給の不均衡に対処するため，個人あるいは団体の行動を通じた農業の存続を目指している。メンバーとして行政体の他，研究者，非営利団体（NPO），地域の農業者，環境保護団体などが含まれている。CWD が設立された経緯をみると，パハロ・バレー内の地主たちが水問題をめぐって，「自分たちだけでは制御しきれないし，お互いの意見も分裂している」状況で立ち上がった。やがて，一つの地主団体が地方紙に意見広告を公表する中で彼（女）らは水供給の緊急性に気づき，同時に農業が問題の一部であり，また解決策の一部であることにも思いが至ったという。現在の CWD の活動の特徴は解決策ベースのアプローチをとることで，メンバーは以下の三つの基本原則に合意して参加する点にある。①パハロ・バレーを重要な農業資源として保護する，②水の輸入パイプラインは解決策ではないと理解する，③帯水層の均衡を取り戻すための費用と犠牲を伴う諸戦略を説得する。

表 7-3　第 2 期西条市環境基本計画策定のためのアンケート調査概要

実施時期	2015 年 10 月～2015 年 12 月
調査対象	① 18 歳から 70 歳までの市民：地区及び年代に基づく層化 2 段抽出した 2,000 名へ送付，693 名から回答（回答率 35%） ②市内の中学 3 年生全員：983 名中 934 名回答（回答率 95%） ③市内の事業所：業種別に抽出した 200 事業所へ送付，75 事業所から回答（回答率 38%）
調査内容	1. 基本情報（性別，年齢層，地区（合併前の 4 市町），居住年） 2. 市の魅力（総合計画アンケートと同一内容） 3. 環境満足度 / 重要度（現行の環境基本計画に示された 16 項目ごとの現在の満足度と取組の重要度） 4. 環境配慮行動 5. 今後の対策必要性（意識やしくみ改革の必要性や具体的な環境対策の必要性） 6. うちぬき等の地下水問題の緊急度認識，関連する会話の頻度

注）18 歳から 70 歳までの市民の回答率は 35%であり，低いと感じられるかもしれないが，直近の周辺市，たとえば松山市や新居浜市での環境基本計画改定に対する市民アンケートでも市民の回答率は 35%前後とほぼ同じであり，それほど問題はないと判断できる。

水問題に対する住民の緊急度認識に差異があれば，そうした差異に応じた対策が必要なのではないかというのが筆者の問題意識である。そこで，下記では，2015 年度に西条市から総合地球環境学研究所へ実施が委託された「第 2 期西条市環境基本計画策定のためのアンケート調査」の結果を活用して，地区別の差異はどの程度あるのか，さらに差異が生じているとすれば，その要因について検討した結果を解説する。まず，アンケート調査の概要を表 7-3 に示す。

18 歳から 70 歳までの市民の回答率は 35%であり，低いと感じられるかもしれないが，直近の周辺市，たとえば松山市や新居浜市での環境基本計画改定に対する市民アンケートでも市民の回答率は 35%前後とほぼ同じであり，それほど問題はないといえる。

 西条市の地区別にみた住民意識の特徴

●全体的な特徴

まず合併前の旧市町別に居住地をきいたところ，旧西条市地区が 356 人で 52%を占め，もっとも多かった。次いで，旧東予市地区が 181 人で 26%を占め，旧丹原町と旧小松町地区はいずれも 77 名でそれぞれ 11%を占めていた（図 7-3

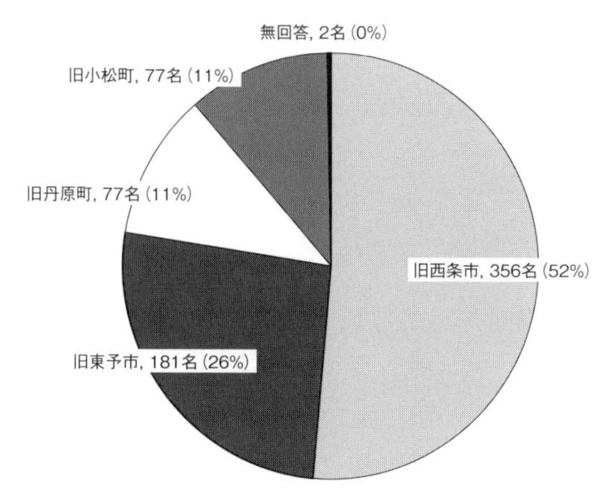

図 7-3　アンケート調査回答者の居住地区内訳（n=693）

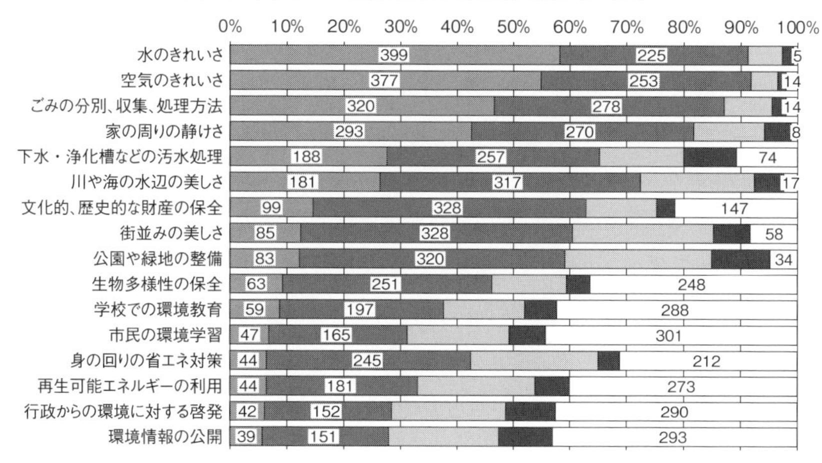

図 7-4　アンケート調査回答者の環境項目別の満足度（n=680）

参照）。

一方，調査当時の西条市の人口構成（2016 年 9 月末日現在）をみると，旧西条市地区は 59,759 人で 53％を占めている。この割合はアンケート回答者の割合とほぼ同じである。また，旧東予市地区は 31,088 人で 28％を占め，この割合もアンケート回答者の割合とほぼ同じである。旧丹原町地区は 12,481 人で 11％を占めており，この割合もアンケート回答者の割合とほぼ同じである。

次に，改定前の環境基本計画の項目別に満足度をきいたところ，図 7-4 のよ

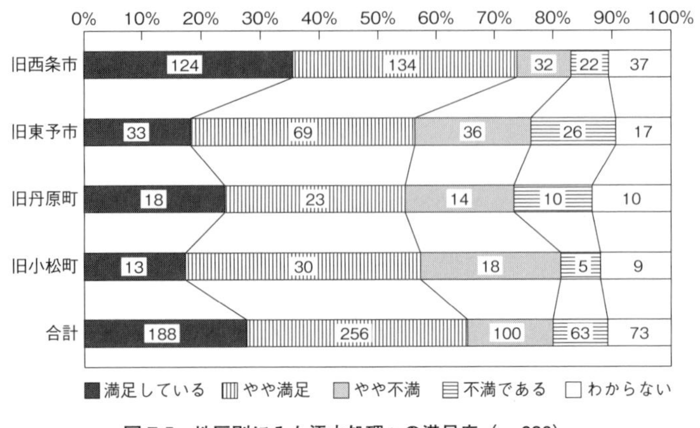

図 7-5　地区別にみた汚水処理への満足度（n=680）

うな結果となった。満足している割合がもっとも高いのは「水のきれいさ」，次いで「空気のきれいさ」で，これら水や空気のきれいさは「やや満足」も合わせると 9 割以上の回答者が満足している。さらに，「ごみの分別，収集，処理方法」や「家の周りの静けさ」「下水・浄化槽などの汚水処理」が続いており，大気や騒音といった典型公害の防止や廃棄物処理といった基本的な市民ニーズについては，総じて満足度が高いことがわかった。

他方，満足している割合がもっとも低かったのは「環境情報の公開」や「行政からの環境に対する啓発」といった環境に関する情報提供に関する項目であった。もっとも，これらの項目に対する回答としては「わからない」を選択した回答者が 4 割を超えていることから，環境情報を知る機会が少ないというように解釈できるだろう。

環境満足度のうち，統計的にみて地区別に傾向が異なった項目の一つは汚水処理に対する満足度である（図 7-5 参照）。水のきれいさに対する満足度は，地区別に統計的な差異は見られなかった。図 7-5 からは，明らかに西条地区における汚水処理への満足度が他の地区に比較して高く，それ以外の地区では，汚水処理への不満が比較的多くなっている傾向がみられる。

さらに地区別の水使用量に影響を与えている可能性のあるデータを紹介しておこう（図 7-6）。これは 20 項目に及ぶ市民の環境配慮行動を尋ねた質問のうち，一つだけ統計的に地区別の差異がみられた「風呂の残り湯を洗濯に使う」の実

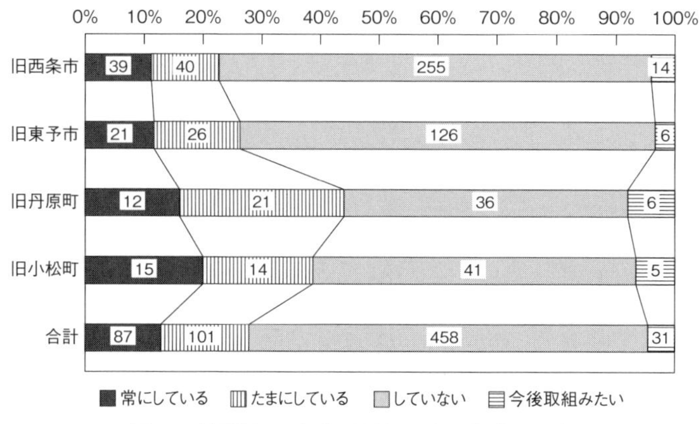

図 7-6　地区別にみた残り湯利用の実行度（n=677）

行状況を示したグラフである。この取組みについては，丹原地区で実行度が比較的高くなっており，小松地区の実行度がそれに続いている。水道料金の差異が，こうした環境配慮行動の取組み意欲に影響している可能性も考えられる。

さらに，表 7-3 に掲げた調査内容の 6 において，「うちぬき等の地下水問題に対する緊急度」を尋ねている。この設問に対する選択肢は小浜市やパハロ・バレーにおける調査（図 7-1 参照）と同様，緊急度が高い順に「既に問題が発生しており，早急な対策が必要」「近い将来，問題が懸念され，予防的対策が必要」「潜在的な問題を抱えており，注意が必要」「問題はなく，これまで通りで良い」「わからない」の五つから回答者の考えに近いもの一つを選択してもらう形式である。ここでは，18〜70 歳までの市民の回答を紹介したい。

図 7-1 に示した小浜の例から類推すると，国内においてはもっとも緊急度が高い「既に問題が発生，早急な対策が必要」という選択肢はそれほど多くないと予想された。

図 7-7 の回答傾向から，統計的に 99%以上の確率で地区別に差異があるということが計算された。もう少し具体的にいうと，その傾向とは，まず「うちぬき」が多い旧西条市エリアにおいて緊急度認識が比較的高いことである。また，「うちぬき」の存在しない旧小松町でも同様に高くなっている一方で自噴井戸が存在する旧東予市においては，それほど緊急度認識が高くないこともみてとれる。

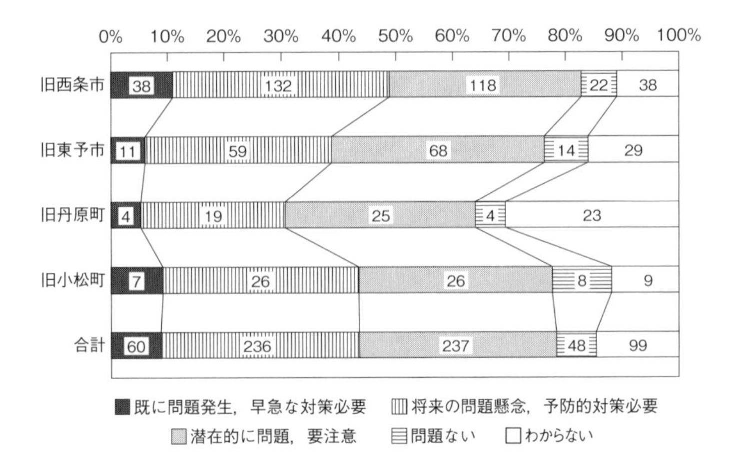

図 7-7　地区別にみた 18〜70 歳の市民の地下水問題への緊急度認識（n=680）

こうした傾向の原因を探るために，他の質問への回答結果と緊急度認識の関係について，詳細な分析を行ったところ，表 7-4 のような関係性が明らかになった。

表 7-4 をまとめると，旧西条市地区では，日ごろ地下水に関して会話する頻度が多ければ多いほど，また，具体的な環境対策の必要性を高く考える人ほど，地下水問題に対する緊急度認識が高い傾向があるという関係が比較的当てはまることがわかる。これは一般的な推定とも合致する。

近隣環境への不満や具体的な環境対策の必要性に関する回答の影響を受けていないのが旧東予市や旧丹原町の方々の結果である。特に，旧丹原町地区の方は唯一，地球規模の環境問題を重要と考える人ほど緊急度認識が高いという傾

表 7-4　地区別にみた地下水問題に対する緊急度認識に影響する項目

影響する関係	旧西条市	旧東予市	旧丹原町	旧小松町
地下水に関連する会話が多い人ほど緊急度認識が高い	◎	○	−	○
近隣環境に不満が多い人ほど緊急度認識が高い	○	−	−	−
具体的な環境対策の必要性を高く考える人ほど緊急度認識が高い	◎	−	−	○
地球規模の環境問題を重要と考える人ほど緊急度認識が高い	−	−	○	−

凡例：◎よく当てはまる（99%以上の確率），○当てはまる（95%以上の確率），−今回の調査では当てはまらない（統計的には関係がみられない）

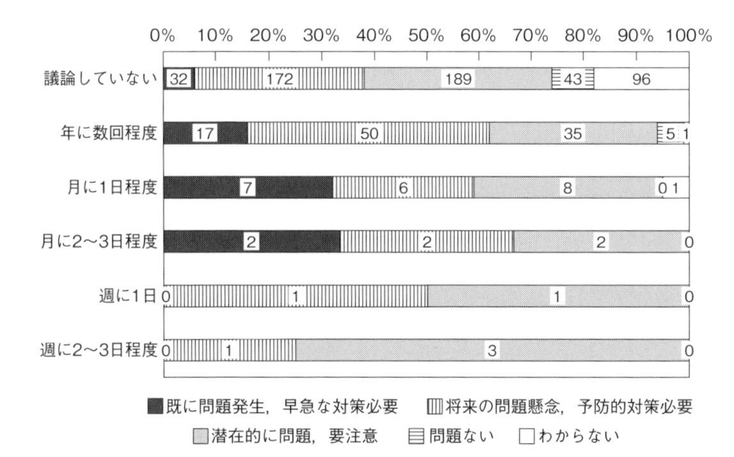

図 7-8　地下水に関連する会話の頻度と緊急度認識の関係（18～70 歳の市民）

向を示している。旧丹原町で地下水問題に対して緊急度認識がもっとも高い回答をした人が 4 名しかいない点には注意が必要だが，他の地区には見られない回答傾向が表れている点は極めて興味深い。

ちなみに，全市的に地下水に関する会話の頻度と緊急度認識の関係をみると，図 7-8 のようになる。図 7-8 からは，地下水に関連する会話が月に 2～3 日程度までの比較的少ない層では，会話が多いほど緊急度認識が高くなる傾向がある。しかし，週に 1 日以上と頻繁に関連する会話がある層ではそれほど緊急度認識は高くないこともわかる。また，「地下水には問題ない」という回答は，関連する会話がない層と「年に数回程度」の層に集中している。

●補足説明

表 7-4 の中で「近隣環境に不満が多い人」「具体的な環境対策の必要性を高く考える人」「地球規模の環境問題を重要と考える人」とは，下記のように計算したグループである。

(1) 近隣環境に不満が多い人

図 7-4 の中で「水のきれいさ（上から 1 番目）」「空気のきれいさ（2 番目）」「ごみの分別，収集，処理方法（3 番目）」「家の周りの静けさ（4 番目）」に満足して

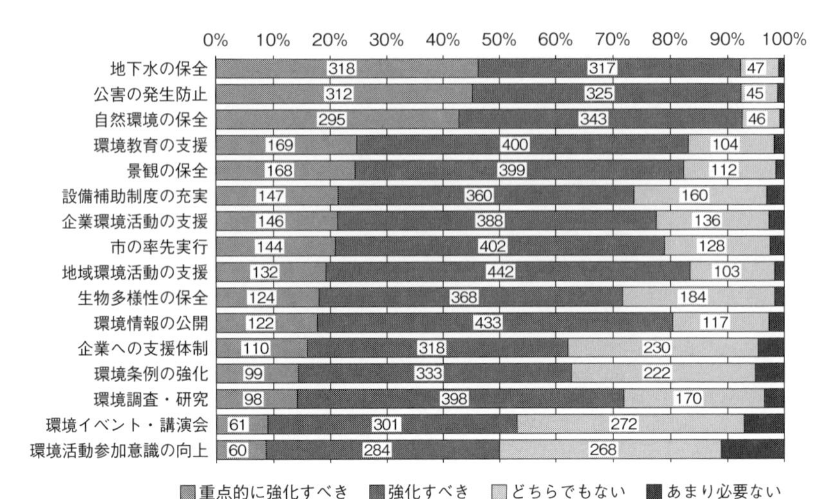

図 7-9　市民が市に取組んでほしいと考える対策（18〜70 歳の市民）

いないグループである。

(2) 具体的な環境対策の必要性を高く考える人

表 7-3 に示したアンケート調査項目のうち，5. 今後の対策必要性では，16 項目の対策別にその必要性を回答していただいた（図 7-9）。これら 16 項目について共通の回答パターンを統計的に発見するために，主因子法を用いて分析した結果，具体的な環境対策の必要性に該当する項目は，「地下水の保全（上から 1 番目）」「公害の発生防止（2 番目）」「自然環境の保全（3 番目）」「景観の保全（5 番目）」「生物多様性の保全（10 番目）」で，これら 4 項目の必要性を高く回答している人が「具体的な環境対策の必要性を高く考える人」である。その他の環境対策については，「意識や仕組み改革の必要性」と筆者は解釈した。

(3) 地球規模の環境問題を重要と考える人

表 7-3 に示したアンケート調査項目のうち，3. 環境の重要性では，改定前の環境基本計画に基づいて 16 項目の環境要素ごとにその重要性を回答していただいた（図 7-10）。これら 16 項目について共通の回答パターンを統計的に発見するために，主因子法を用いて分析した結果，地球規模の環境対策に該当する

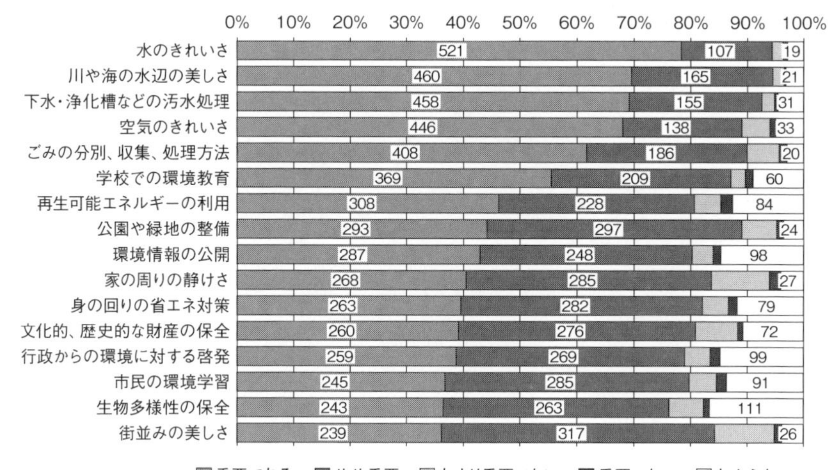

図 7-10　アンケート調査回答者の環境項目別の重要度（n=680）

項目は，「学校での環境教育（上から 6 番目）」「再生可能エネルギーの利用（7 番目）」「環境情報の公開（9 番目）」「身の回りの省エネ対策（11 番目）」「文化的，歴史的な財産の保全（12 番目）」「行政からの環境に対する啓発（13 番目）」「市民の環境学習（14 番目）」「生物多様性の保全（15 番目）」で，これら 8 項目の重要性を高く評価している人が「地球規模の環境問題を重要と考える人」である。その他の環境については，「地域や具体的な環境問題」と筆者は解釈した。

 中学生，企業担当者と住民の水に対する意識の違い

● 全体的な特徴

次に，西条市内で各種事業を営む企業の環境担当者や中学生は地下水問題に対して，どの程度の緊急度認識をもっているのだろうか。もっとも緊急度認識が高い「既に問題発生，早急な対策必要」と答えた割合は，18〜70 歳の一般市民が 9%であったのに対し，企業担当者は 11%とやや高く，中学 3 年生は 7%とやや低かった（図 7-11 参照）。

先ほどと同様に，中学生の回答結果を市内 4 地区別に比較すると，図 7-12 のようになる。この回答傾向を統計的に分析したところ，やはり 99%以上の確率

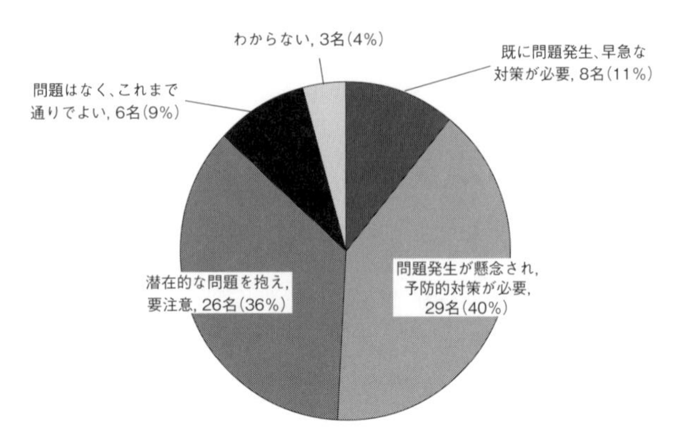

図 7-11　西条市内の企業の環境担当者の地下水問題に対する緊急度認識（n=72）

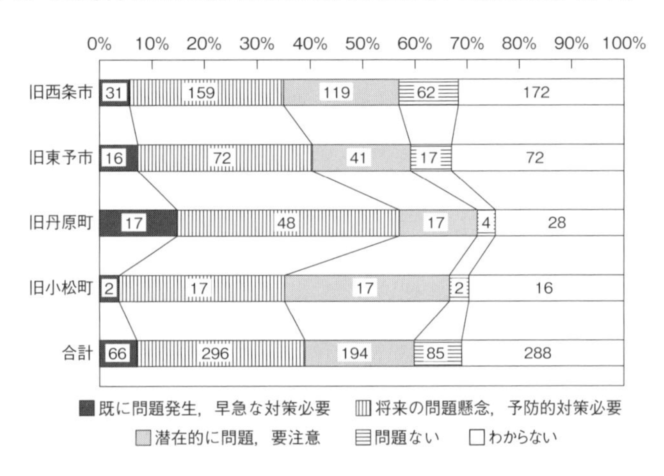

図 7-12　地区別にみた中学 3 年生の地下水問題への緊急度認識（n=929）

で地区別に差異があることがわかった。具体的には，うちぬきなどの自噴井戸が多い旧西条・東予市地区よりも旧丹原町の中学生が認識する緊急度がもっとも高いことが特徴である。旧丹原町の 18～70 歳の市民からの回答傾向とあわせて考えると，中学生の緊急度認識にも地球規模の環境問題を重要と考える生徒の影響が出ている可能性もある。

また，中学生の地下水に関する会話頻度と緊急度認識との関係をみると，図 7-13 のようになる。図 7-13 からは，地下水に関連する会話が週 2～3 日程度の層まで，会話が多いほど緊急度認識が高くなる傾向がある。ただし，関連する

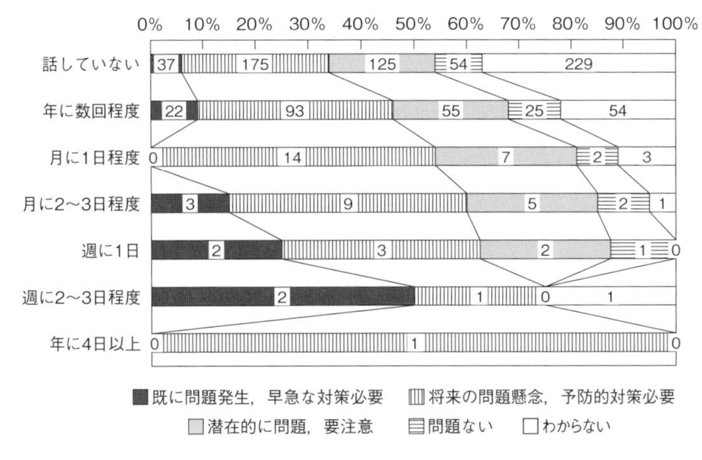

図 7-13　地下水に関連する会話の頻度と緊急度認識の関係（中学 3 年生）

会話が月 1 日程度の層では例外的に，「既に問題が発生」を選択した生徒はいなかった。

18～70 歳の市民の回答結果に基づく表 7-4 では「近隣環境に不満が多い人」「具体的な環境対策の必要性を高く考える人」「地球規模の環境問題を重要と考える人」が特徴的なグループとして抽出された。これらのグループは，中学生の中でも存在するのだろうか。下記では，中学生の回答を地区別に分析した時に特徴的であった回答傾向を紹介する。

● 補足説明

(1) 近隣環境に不満が多い人

18～70 歳市民の回答と比較して中学生の大きく異なる傾向は「水のきれいさ」が上から 1 番目ではなく 2 番目に位置していることである。代わりに「家の周りの静けさ」がもっとも満足している項目として選択されている（図 7-14 参照）。この傾向の一つの要因として，丹原地区の中学生の「家の周りの静けさ」への満足度が極端に高いことが挙げられる（図 7-15 参照）。大人と中学生の間で，音の感じ方が大きく異なるか，もしくは丹原地区の中学校において音環境に関連する授業が調査時間近に実施された可能性もある。しかし，この点の検証は今後の課題である。

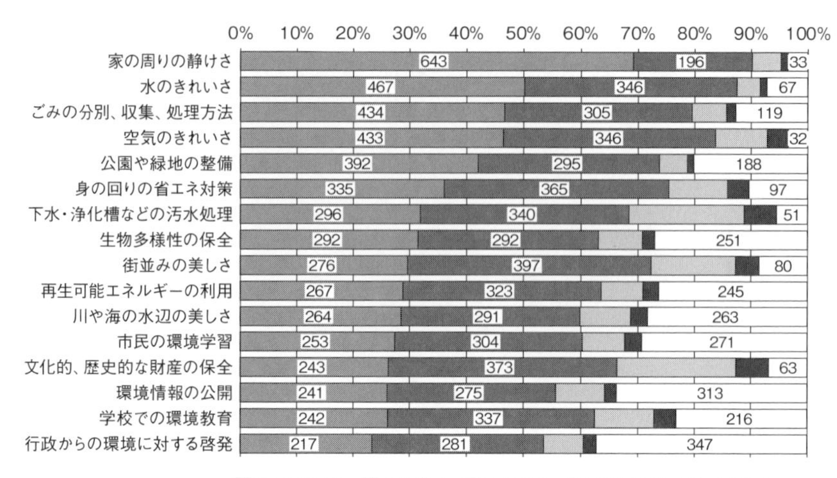

図 7-14　アンケート調査回答者（中学 3 年生）の環境項目別の満足度（n=950）

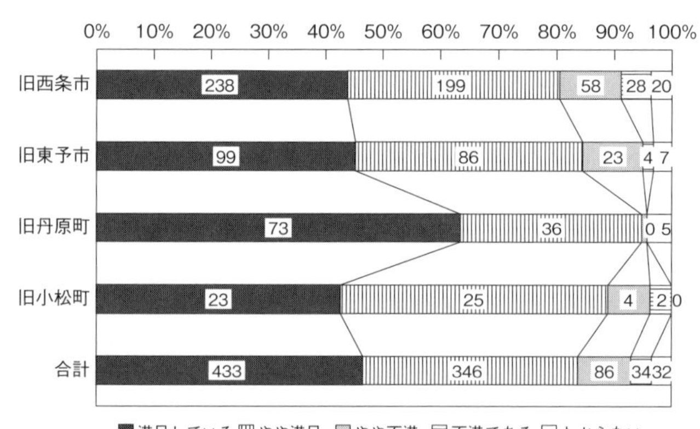

図 7-15　アンケート調査回答者（中学 3 年生）の音環境に対する地区別の満足度（n=950）

(2) 具体的な環境対策の必要性を高く考える人

表 7-3 に示したアンケート調査項目のうち，5. 今後の対策必要性については，中学生には尋ねていないため，この項目の分析はしていない。

(3) 地球規模の環境問題を重要と考える人

表 7-3 に示したアンケート調査項目のうち，3. 環境の重要性では，改定前の環境基本計画に基づいて 16 項目の環境要素ごとにその重要性を回答していた

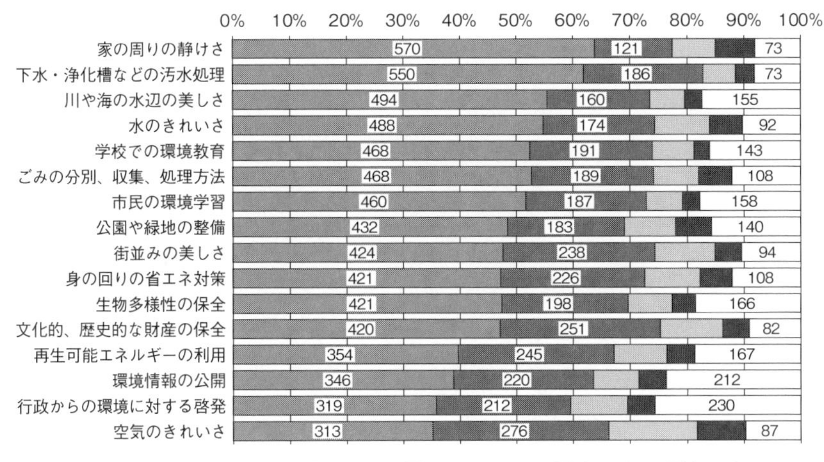

図 7-16　アンケート調査回答者（中学 3 年生）の環境項目別の重要度（n=950）

だいた（図 7-16）。これら 16 項目について共通の回答パターンを統計的に発見するために，主因子法を用いて分析した結果，地球規模の環境対策に該当する項目は，「市民の環境学習（上から 7 番目）」「身の回りの省エネ対策（10 番目）」「生物多様性の保全（11 番目）」「再生可能エネルギーの利用（13 番目）」「環境情報の公開（14 番目）」「行政からの環境に対する啓発（15 番目）」で，これら 6 項目の重要性を高く評価している人が「地球規模の環境問題を重要と考える人」である。その他の環境については，「地域や具体的な環境問題」と筆者は解釈した。

 おわりに

これまで述べてきた意識調査の結果から，西条市の水循環政策を進めるための「育水思考」の前提として地下水問題に対する緊急度認識を高めることが必要だとすれば，次のような対策の方向性が考えられる。

まず地下水を多く使っている地区，あるいは地下水汚染が観測されることのある地区など，地区ごとの特性に応じた取組みを検討する必要がある。そのためには，地下水年報に代表される西条市の地下水観測結果の可能な限り迅速な

公開を継続することが重要である。

さらに，地下水などの水に着目するだけでなくそこに暮らす人々の考え方の特性にも配慮した対策が必要である。たとえば，今回の調査と同様の項目について5年ないし10年ごとに継続した調査を実施することが有用である。

基本的には，市民の間で地下水に関する会話を促す広報が有効である。しかし，毎日の会話など極端に頻度を増やす必要はなく，大人の場合多くても月2～3回程度，地下水が話題に上れば緊急度認識を高める効果をもつことが想定される。

中学生は比較的，地下水問題への緊急度認識が高くないことから，家庭での話題と学校での話題をあわせて週2～3回程度地下水に関連する会話が促されれば，緊急度認識を高める効果が徐々に出てくると予想される。

ただし，地下水問題への緊急度認識を高めるために，地下水についての広報だけを進めるのは短絡的である。水以外の自然環境あるいは地球環境，騒音・景観といった広い意味の環境問題に対する市民の関心も高めつつ，具体的にそれらの問題に対する解決策も広報や啓発の中で市民に提示し，可能な範囲で市民自身が対策を選択していく機会を設けていくことが肝要である。

引用・参考文献

西条市（2017）．『西条市地下水保全管理計画』〈https://www.city.saijo.ehime.jp/uploaded/attachment/25984.pdf〉（2020年10月20日確認）

谷口真人（2015）．「水循環基本法と地下水」『日本地下水学会誌』，**57**(1)，83–90.

野田浩資（1995）．「琵琶湖渇水に関する住民アンケート調査の結果の概要─琵琶湖の水位低下は住民にどう受けとめられたか」『水資源・環境研究』，**8**，87–95.

増原直樹・馬場健司（2016）．「地下水問題に対する行政関係者と住民の意識調査」『環境科学会誌』，**29**(6)，315–324.

陸路正昭（2004）．「住民アンケート分析を通じた地域の水循環問題の考察」『水環境学会誌』，**27**(6)，431–436.

持続可能な地下水管理へ

地下水保全協議会の可能性

川勝健志

持続可能な地下水管理になぜ「参加」と「協働」なのか

本書で紹介した水の恩恵と，水と人との関わりは，西条の水がまさに“地域の宝物”であることを象徴している。他方，5章で「優先的に取り組むべき課題」として取り上げた沿岸部での地下水の塩水化や一部地域での硝酸性窒素濃度の上昇といった汚染が深刻化すると，その大切な宝物をたちまち台無しにしてしまう。地下水は流れが遅いので，その影響が長期的に，そして広範囲に及ぶからである。また，西条市は地下水を直接，生活用水として利用している家庭が人口の半数以上と多く，上水道・簡易水道等（普及率は50%未満）の水源も含め，ほとんどが地下水に依存しているので，枯渇や汚染が生じた場合の影響の大きさは計り知れない。

市の自然環境や産業構造はこの数10年の間に大きく変化しており，その影響は川や地下の一部にも現れている。近年は温暖化で雨の降り方が変わり，河川からの地下水涵養量が減少するといった問題も懸念されている。そうした将来リスクに備えて，今後は水循環全体（地下水の涵養や利用）を健全に保つ総合的な施策とモニタリングによって，地下水を適切に管理する必要があり，そのための財源も確保しなければならない。

本書の各章で紹介してきた西条市の事例が示唆しているのは，多様な主体が協働しながら，科学的知見に基づいて地下水の保全と持続可能な利用に関して意思決定し，まちづくりとして新しい地下水管理の仕組みをつくり上げていく必要があるという点である。

ではなぜ多様な主体の参加と協働が必要なのであろうか。その理由の第1は，地下水の価値や問題意識の共有である。西条市のように，地下水保全が最重要の政策課題でありながら，過去に深刻な地下水障害を経験したことがないまちでは，日常利用する水に目に見える形で何か問題が現れない限り，地下水の何が問題で何を保全の目標とするのかを認識しづらい（序章）。まして同じ行政区であっても，旧西条市域の西条平野と旧東予市・丹原町・小松町域の周桑平野がそうであるように，地下水の流れや河川との関係，利用状況が地域ごとに異なればなおさらである。地下水など水それ自体の地域性はもとより，それぞれの地域で暮らす人々の考え方や世代の違いなどにも着目すれば，多様な利害関係者の参加なしでは，問題の設定自体が住民の意識やニーズとかけ離れてしまいかねない（7章）。

第2は，地下水環境に関する科学的な認識の共有である。合併後の西条市では，貴重な水資源を将来にわたって維持するために，2007年に「道前平野地下水資源調査研究委員会」を立ち上げ，自然科学的な検討を重ねてきた（旧西条市では1996年から1999年にかけて地下水資源調査を実施。この調査結果に基づき現行の地下水保全条例を制定）。しかし，科学研究をいくら続けたとしても，それだけでは水資源の保全や維持はできない。それを担うのは地域の住民であり，得られた科学情報を社会の仕組みとして定着させていかなければならないからである。とりわけ，地下水も河川や湖沼の水と同じく，「流域」という広い範囲で捉えるとともに，地球上をめぐる水の一部として地下水を捉える「水循環」の考え方が重要である。地下水資源開発の歴史は，利害関係者がそうした違いを知らず，あるいは無視した開発を行った結果，甚大な被害を受けて，多くの費用負担を伴う施設の整備を余儀なくされてきたことを示唆している（1章）。

第3は，森林政策との政策統合である。地下水の供給源は，後背山地に降る雨水を一時的に蓄え時間をかけて下流へ流してくれる森林土壌であることから，そこに停留する水もまた地域公水の一部を構成するものとして捉えられるべきである（3章）。だとすれば，森林政策は地下水政策と一体的に考えて計画立案される必要があり，そのためには行政内部によく見られる“縦割り”の壁を打破しなければならない。また，将来にわたって豊富な地下水が確保できるように，より良い森林土壌づくりに山間部だけでなく平野部の住民の参加と協働が求められる。

第4は，「地域公水」の実質化である。地域公水論は，すべての住民がもつ「自由使用利益」を住民から信託された自治体が一定の権限と責任により管理する権原をもつことを核としている（4章）。したがってこの考え方に基づけば，地下水の保全と利用を両立するために，自治体は住民や事業者等の利害関係者が参加する協議会組織を設立し，地域の利水者間での規範づくりが必要になる。また，自治体は将来にわたる水資源配分の公平性も踏まえて，地域的な合意形成を図らなければならないが，地域公水論のいう「自由使用」の内容は，「地下水収支の適正な状況を維持できる範囲での取水」である。つまり，合意形成のプロセスでは，その前提として地下水を含む水循環（水の流れ）と水収支についての十分な理解が欠かせない（2章）。

第5は，持続可能な地下水管理を実現するために，新たに必要になる地下水保全施策の財源確保である。地下水管理のための財源不足は国際的にも課題となっており（FAO, 2016：135-136），日本でも協力金制度などの財源調達手段が導入されているのは，神奈川県秦野市や長野県安曇野市など限られた事例に留まっている。厳しい財政制約の中で，地下水を保全・管理するための施策について，「あれもこれも」は難しくても，関係者が協力することでその質を高めることはできる。しかし西条市にとって，地下水保全施策は単に地下水を守るためのものだけでなく，まちづくりをあらゆる面で支えているという意味で，「地域公水」の理念に基づき“みんなで”支え合う財源確保策を検討することも一案である（5章）。そのためには，行政だけでなく，住民の声と力を結集する協働が不可欠である。

第6は，地下水利用の多様化である。公民一体で地下水保全に取り組んできた「地下水利用対策協議会」は，工業用地下水の過剰採取問題を背景としていたこともあって，その参加者が主に工業部門に限られ，農業部門や水道事業者，地下水を直接飲用に用いている住民の参加はない（6章）。まして地下水の用途は近年，工業用水，農業用水，生活用水，施設用水，消融雪用水といった比較的伝統的な利用方法に加えて，非常用水，熱利用水，環境用水，さらには観光やまちづくりでの利用など多岐にわたっている（千葉, 2020:201）。地下水は物理的に一体であり，工業部門のように特定の部門のみが取水や利用を制限しても他の部門の参加と協働がない限り地下水保全は図れない。

 関係者がともに取り組んでいくための場づくり

では西条の地下水を「誰が」どのように将来にわたって守り育てていくのか。その主役は，行政だけでなく，住民である。「地域公水」の理念に基づけば，たしかに地下水の管理者として一定の権限と責任をもつ行政の役割や科学的な知見を提供してくれる専門家の意見は重要である。たとえば，地下水の水量や水質の保全目標などについては，科学的知見に基づいて導き出すことは一定可

能であろう。しかし，それはあくまで短期的で数量的な目標に過ぎず，西条の地下水のあるべき姿を描いたものではない。たとえば，節水の取り組みとして，「うちぬきにバルブを設置して止めるべき」という意見がある。しかし他方では，うちぬきを止めることで「西条市の原風景が失われる」「水路等の流れがなくなるので，生態系に影響を及ぼす可能性がある」という意見もあろう。また，「まちの中を流れる水路の半分以上は地下水を水源としているので，モニュメント等の自噴を止めたところであまり効果は期待できない」とも考えられる。いずれにしても，自噴井戸のほとんどが自家用水なので，仮にうちぬきを止めて節水をするとしても，その所有者である住民や事業者の協力が必要になる。

2017年8月に策定された「西条市地下水保全管理計画」では，地下水の将来ビジョンや目標，その望ましい“守られ方”については，行政のみならず，住民とともに考え，決定すべきものであることを強調したうえで，下記のように述べられている。

> 西条の地下水が10年後，20年後，さらにはその先どのような姿であってほしいのか，またそれを実現していく過程で地下水がどのように守られることが，市民の生活の質を高めることになるのか。その答えは「市民が集まって決める」ことによって，はじめて導き出せるものである。（西条市，2017：39）

そうした「話し合いの場」として，西条市に設けられることになったのが，筆者も会長を拝命して参画している「地下水保全協議会（以下，協議会）」[1)]である。協議会の目的は，「地域公水」の理念や地下水に関する科学的な認識（帯水層の構造や流動系の特性，地下水位のモニタリングや水質，利用状況などの情報）を共有すること，市の「地下水保全管理計画」の進捗状況を確認し，協議会の提案について検討・協議し，その実現に向けた課題の整理や関係者間での協力体制の整備を図ることにある。また，協議会で提案された施策に国や県の協力，

1）西条市地下水保全協議会は，水循環基本法に基づき，国が策定した「水循環基本計画」に盛り込まれている「流域水循環協議会」として位置づけられている（西条市，2017：39）。

学校や大学・研究機関との連携が必要な場合には，関係機関と協議を行い，必要に応じて支援や協働を求めることも，その目的の一つである。

協議会は委員30人以内で組織され，①市民，②学識経験者，③地下水の利用等に係る関係団体の役員または職員，④市の職員で構成される。また，必要に応じて専門的な立場から助言を求めるために，アドバイザーを置くこともできる。協議会設立時（2018年11月26日）の構成員は，下記の21団体28名である[2)]。

①市民：連合自治会，連合婦人会，NPO法人西条自然学校（各1名），高校生（西条）4名

②学識経験者1名

③地下水の利用等に係る関係団体の役員または職員：土地改良協議会（西条支部，東予支部，丹原支部，小松支部［各1名］），漁業協同組合（西条市，壬生川，加茂川，中山川［各1名］），農業協同組合（西条市，周桑，東予園芸［各1名］），青年農業者協議会，いしづち森林組合，（株）クラレ西条事業所，西条商工会議所，周桑商工会（各1名），

④市職員：企画情報部，上下水道部，産業経済部，農林水産部（各1名）

※事務局：市民環境部環境衛生課（現・環境部環境政策課）

これらのメンバーそれぞれが対等な立場で話し合う内容として，以下のような事項が例示されている（西条市，2017：39-40）

・地下水のあるべき姿や地下水の水量及び水質の保全目標

・地下水のあるべき姿の実現に向けて，市民・事業者・行政のそれぞれが主体的に取り組むべきことや行政と協働で行うべきこと，外部機関・関連組織と連携・協働して行うべきこと

・地下水に関する条例など地域で守るべきルールづくり，施策とその財源

2）その後，市の組織再編で参加部局は市民生活部，産業経済部，農林水産部から各1名となり，高校生が4名から3名となって，2022年3月末現在で委員は26名。

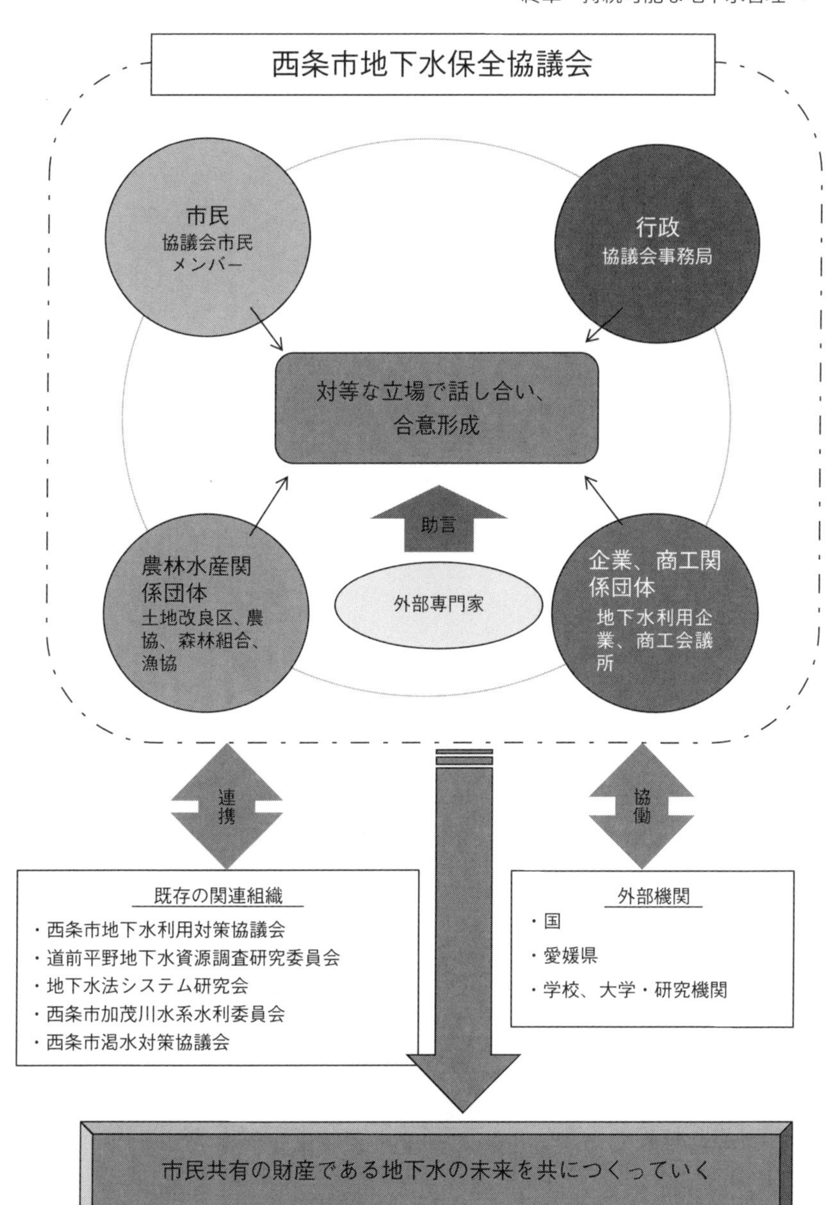

図終-1　西条市地下水保全協議会と関係主体（西条市（2017：41）を一部補正）

確保のあり方についての協議

など

本書の4章や6章で紹介したように，西条市では，地下水を利用する企業で構成された「西条市地下水利用対策協議会」，地下水保全に関する助言を得るための外部専門家による組織として，「道前平野地下水資源調査研究委員会」や「地下水法システム研究会」が設置されている。また，渇水時には，市と関係者が対策を協議する「西条市加茂川水系水利委員会」や「西条市渇水対策協議会」が設置される。したがって，協議会はこれら組織との関係を整理したうえで，組織再編の可能性や健全な水循環の実現に資する連携のあり方について検討し，渇水時にはその対策にも協力するとされている。

したがって，西条市の協議会は，以上のような関係者が対等な立場で話し合い，西条の地下水の未来を共につくっていく場として設立されたのである（図終-1を参照)。

「分水問題」にみる地下水保全協議会の意義

西条市の協議会は当初，「地域公水」の理念や地下水に関する科学的な認識の共有を図るとともに，市の「地下水保全管理計画」の内容について協議することから始める予定であった。ところが，後述する愛媛県からの「西条と松山の水問題に対する6つの提案」（以下，「6つの提案」）について，玉井敏久西条市長（以下，玉井市長）から協議依頼があり，協議会は期せずしてその発足直後から難問に直面することになった。水循環基本計画で設置が決められた「地下水協議会」は，新たに地下水流動系に，参入あるいは変化を与える（先行の地下水利用者にとっては，地下水流動を妨げる）要因が生じたときに，持続可能な地下水利用・保全の観点から利害関係を調整する機能が求められる（谷口，2016：305)。愛媛県からの「6つの提案」によって，西条市の協議会は，まさにその調整機能が問われることになったのである。

●分水問題の概要

「西条と松山の水問題」とは，加茂川をめぐる松山市と西条市の利害対立のことであり，そのきっかけとなったのが，松山市による分水要請である（遠藤，2010：216-217）。松山市は1994年に記録的な大渇水に直面し，以来，「恒常水源の確保」を重要施策と位置づけている。同市は「節水型都市づくり」を進めるとともに，恒常水源の確保に向けて19の新規水源開発方策を検討していたが，不足する水量を確保できる方策は，県営西条地区工業用水道事業（以下，西条工水）の一部転用と海水淡水化が目的達成に効果的と判断した。そして最終的には，松山市議会が2005年12月，西条工水の一部転用を最優先に取り組むことを決議した。西条工水は加茂川の長瀬地点から取水し，それを西条市及び新居浜市の臨海部の工業用水として用いるためのものであったが，産業構造の変化等によって工業用水に対する需要が計画給水量を大幅に下回るようになり，慢性的な赤字経営に陥っていた。愛媛県議会では当時，当面需要が見込めない県営黒瀬ダム（以下，黒瀬ダム）の工業用水の有効活用を提言していたこともあり，県の後押しも受けた松山市の中村時広市長（当時）が2006年1月12日に西条市役所を訪れ，松山市の構想が西条市に初めて公式に伝えられたのである。

以後，松山市長選のたびにこの問題に注目が集まるようになり，選挙後，同市長が西条市を訪れては協力要請が行われてきたが，西条市は分水によって加茂川の流量が減少し，地下水に悪影響が及ぶ恐れがあるため，その要請には応えられずにいた。2章でも述べたように，市内複数個所の地下水位と上流にあたる加茂川長瀬地点の流量（長瀬流量）の間には密接な関係があり，地下水の重要な涵養源である加茂川の流量確保は，西条市民にとって極めて重要な意味をもつからである。

そうした中，2015年8月に愛媛県から示されたのが，下記のような「6つの提案」であった。

・加茂川と黒瀬ダムには西条・松山両市の水問題（それぞれ地下水の塩水化，恒常水源の確保）を解決できる利用可能な水があるので，その水を活用して一緒に解決する
・西条の水文化を将来にわたり守るために，黒瀬ダムの具体的活用方策を

検討する
・県営黒瀬ダムの水を両市で使用する場合は，協定等で渇水時の西条市優先をルール化する
・松山市は平常時，黒瀬ダムからの取水を抑制する
・松山市も水源涵養のために，黒瀬ダム上流域で森林整備をする
・西条・松山両市が共に発展するために，市民，産業・経済界などの交流・連携を推進する

●「6つの提案」に対する回答

このような県からの提案に対する市の回答期限が2019年3月末に迫っていたことから，協議会では発足直後からその対応について，3回（18年11月26日，19年1月27日及び3月3日）にわたる集中的な議論が重ねられ，2019年3月4日にその協議結果として，下記のような意見書が市に提出された。

1. 黒瀬ダムの建設にあたっては，112世帯300人余りの黒瀬地区の住民が立ち退きを余儀なくされた経緯があり，東予地域の経済発展を願った住民の思いを考えれば，ダムの未利用水を松山市に分水する提案は容易には受け入れられない。当時の住民の思いに報いるという意味でも，黒瀬ダムの未利用水は東予地域をはじめ西条の発展に資する活用を検討すべきである。
2. 黒瀬ダムの貯水量には不確実性があり，そのリスクは気候変動の影響で高まっている。工業用水に余剰があるとはいえ，水全体で余っている実感はなく，むしろ危機感がある。
3. 地下水の不可逆性と市民の水循環に関する理解浸透度を考慮すれば，黒瀬ダムの未利用水を活用して一定期間，加茂川の流量を増量し，西条平野の地下水水位や河川流況がどのように推移するのかを実証実験し，検証する必要がある。
4. 黒瀬ダムの目的や機能，地下水の現状や将来リスク，分水をめぐる経緯等については，まだ市民に十分共有されているとはいいがたく，なによりまず市民がその情報や知識に関する理解を深める必要がある。

5. 松山市に対して，平常時であっても本当に水が不足しているのか，今後人口減少が予測される中で，本当に松山市民の多くが巨額の投資をしてまで分水を望んでいるのか，いま一度確認してもらいたい。
6. 緊急時に助け合うのは同じ県民として当然のことであり，松山市が渇水などの危機に陥った場合には，過去においてもそうであったように，できる限りの支援や協力は惜しまない。

この協議会の意見を受けて，市内部で作成された回答案は，2019年3月18日に市議会全員協議会で承認され[3]，3月28日に玉井市長が愛媛県庁を訪問し，中村時広知事に「西条市の地下水も河川流量や自噴量の低下，塩水化などの諸問題を抱えている」「分水につながる提案には応じられない」「松山市が異常渇水に陥った場合の新たな支援策の提案を行いたい」などの内容を盛り込んだ回答書[4]が提出された。これによって，松山分水をめぐる積年の議論に一つの区切りがついたのである[5]。

●意見書の意義

以上のような結果は，愛媛県や松山市が望んだ結果ではなかったかもしれな

3）市議会3月定例会最終日（2019年3月20日）の本会議では，全会一致で「「水の都」西条の水を守る決議」も行われた。同決議の内容については，https://www.city.saijo.ehime.jp/uploaded/attachment/34013.pdf を参照。

4）「西条と松山の水問題に対する6つの提案」回答書については，https://www.city.saijo.ehime.jp/uploaded/attachment/34272.pdf を参照。

5）2019年4月8日には，玉井市長が松山市役所を訪問し，野志克人松山市長（以下，野志市長）にも愛媛県からの「6つの提案」に対する回答内容が説明された。また，その約一週間後の4月16日には，野志市長が西条市役所を訪問し，玉井市長に松山市独自の提案（①節水や雨水利用などの情報提供，②幅広い分野での連携・交流協定の締結，③松山市が渇水に陥った際の支援策を盛り込んだ「渇水緊急時応援協定」協議推進のための意見交換）が示された。また，その補記として，①西条市の地下水低下の解決策として，黒瀬ダムの管理者である愛媛県に試験放流を実施するよう松山市からも要請する，②黒瀬ダム本体からの取水について愛媛県と協議し，取水場所変更によって影響が出ないか，愛媛県に再計算を依頼する，③西条市の渇水時に可能な限り同市優先で取水するなど，西条市の地下水保全に目処が立つなどした際の検討を要望している。

い。また，愛媛県民や松山市民にとって，どうであったのかも不明である。しかし，協議会にとって初めての合意形成事例となった上記の意見書は，愛媛県による「6つの提案」に対する回答書の骨子を参加主体で提示したことは，以下のような点で独自の意義があったように思われる。

その第1は，歴史的経緯を踏まえた見解を示したことである。意見書の1点目については，黒瀬ダム建設のために，水没した黒瀬村（当時）300人余りが故郷を離れるという苦渋の決断を余儀なくされたという経緯があり，そうした先人の思いを蔑ろにはできないという，一見すると感情論に基づく見解であるかのように思われる。もちろん，そうした住民感情がまったくなかったとは言い難いが，むしろ重要なことは，同時に黒瀬ダム建設の目的は，そもそも西条・東予圏域の立地企業への工業用水を確保して同地域を経済発展させることにあるという本質的な問題提起がなされたことである[6)]。黒瀬ダムがそうした当初の目的を果たし，一定の役割を終えて工業用水に余剰が生まれているのであれば，その未利用水はダム建設前から懸念されていた加茂川流量への影響を抑制するなど[7)]，「東予地域をはじめ西条の発展に資する活用が検討されるべき」との見解が示されたのである[8)]。

第2は，外部専門家の助言を踏まえて，実証実験による定量的な検証の必要

---

6) 黒瀬ダムは加茂川の洪水を調整するとともに，工業用水と不特定用水（干ばつ時の農業用水の補給や河川維持用水の安定を図ることを目的としている）を確保するために，1973年3月に愛媛県によって建設され，81年からは住友共同電力（株）が発電に利用している。そのため，加茂川では，工業用水，不特定用水，発電用水に水利権が設定されているが，これら以外への水利用は認められていない。

7) 黒瀬ダムは現在，加茂川の流量を保つために6月6日から9月15日までの間，長瀬地点で毎秒2m^{3}を確保するように補給方法が設定されている。また，長瀬地区の流量が一定量（かんがい期は毎秒6.7m^3，非かんがい期は毎秒4m^3）を超えなければ，ダムに水をためない貯留制限がかかっている。この貯留制限は，長瀬地点の基準値を下回るとダムから水が補給されるが基準値以下であれば，無条件に水が補給されるわけではない。補給されるのは，ダムにたまっている水ではなく，ダムに流入してきた水量，すなわち上流部での降水量分を流す運用方式になっているからである。しかしこの方式だと，基準値をいくら下回っても，ダムに流入する水がなければ放流できないことになるので，加茂川の流量は結局，降水量に左右されることになる。5章でも述べたように，市の地下水保全管理計画において，「優先的に取り組むべき施策」の一つとして，「県営黒瀬ダムの水利用」が提案されているのも，そのためである。

性を示したことである。愛媛県の提案は，分水しても西条の地下水に悪影響が出ないように，黒瀬ダムの余っている水を市の調査結果を引き合いに出して毎秒5m^{3}流し，加茂川の流量を確保することに協力するというものであった[9]。しかし，ダムの水が余っているとしても，それはあくまで現時点のことであり，将来も同じように余っているのかは疑問と言わざるを得ない[10]。温暖化の影響で既に雨の降り方にも変化が生じており，将来の貯水量については不確実性が大きく，むしろそのリスクは高まっている。また，県が想定している毎秒5m^{3}という数値はあくまで理論値であり，実際に流して検証しなければわからない。現時点では，まだ科学的な根拠が不十分なのである。科学には常に不確実性があることは認めなければならないが，西条にとって地下水に悪影響が及ぶことは，取り返しのつかない不可逆的な被害をもたらす可能性がある。そのため，一定期間の実証実験を繰り返し行い，その結果を検証することの意義は小さくない。

第3は，利害調整のプロセスにおいて，「賛成か，反対か」という単純な二者択一論に終始せず，第3の選択肢を自ら提案したことである。分水をめぐる問題は地元メディア等の注目度も高く，どうしても「分水につながる提案には応じられない」という結論に目を奪われがちであるが，意見書の6点目で示されているように，協議会では，少なくない委員から「緊急時に助け合うのは同じ

8）たとえば，未利用水を地下水涵養のために利用することは，東予地域をはじめ西条の発展に資する活用策として一考に値する。現状では地下水保全を目的とする水は水利権として認められておらず，全国的にもそのような例はないが，もしダムが工業化という当初の目的を果たし，役割を一定終えたと判断できるのであれば，地下水保全を目的とした水利用の可能性について検討すべき時期にあるのではないだろうか。オイルショック以降の産業構造の転換，工場での水リサイクル技術の進展など，工業用水道事業を取り巻く環境も大きく変化している。もし地下水保全のために河川水を利用できるようになれば，西条市のみならず，全国の水利用を考えるうえでも極めて重要な役割を果たすように思われる。

9）黒瀬ダムの水を利用した加茂川流量の確保策については，西条市地下水保全管理計画（2017：60-61）を参照。

10）西条市地下水保全協議会の第3回会合にアドバイザーとして出席した，高瀬恵次教授（道前平野地下水資源調査研究委員会座長）によれば，ダムの水は「過去のデータから10年に1度起こる渇水の状況において最低5m^{3}流せると言われているが，20年や30年に1回の渇水時では不明。最近は異常気象で過去のデータが参考になるとは限らない」との見解を述べている。

県民として当然のこと」,「松山市が渇水などの危機に陥った場合には，できる限りの支援や協力は惜しまない」という意見が出され，その後に「(仮称) 渇水緊急時応援協定」締結を松山市に提案することに結実したことにも注目されるべきである[11)]。仮に分水をするとしても，西条工水の転用となれば，意見書の5点目でも示されているように，松山市は新たな管を敷設するという大規模な投資が必要になり，その後の水道料金高騰等の懸念も含めると，同市側も相応の負担をしなければならなくなるからである。

以上の事例が示唆しているのは，住民の参加と協働は単に協議会を設立すればよいのではなく，その仕組みを生かす人の力と関係者間の信頼関係がなければならないという点である。お互いが地下水の未来を一緒につくる大切なパートナーであると認識するとともに，それぞれの立場に関係なくオープンマインドで対等に話し合うことが求められる。

 今後の課題と展望

西条市の協議会は，前述の意見書を提出して以後も定期的に開催され[12)]，西条平野における地下水位の低下及び沿岸部での塩水化防止策や周桑平野における硝酸性窒素対策，渇水時（特にかんがい期）の節水強化，農業用水の利用効率化，松山市との「(仮称) 渇水緊急時応援協定」，地下水保全条例の全面改正などの重要案件について協議を重ねているが，その活動はまだ緒についたばかりである。したがって最後に，持続可能な地下水管理に向けて，住民の参加と協

11）新型コロナウイルス感染症の影響により，西条市地下水保全協議会の第8回会合（2021年4月～5月）は書面開催となったが，審議の結果，松山市との「(仮称) 渇水緊急時応援協定」について承認された。ただし，松山市が渇水に陥っている時には西条市もかなり窮地に陥っている可能性があり，潤沢に水があるわけではないことに留意が必要である。1994年の大渇水の時も，西条平野と周桑平野のほとんどの井戸（ごく一部の浅井戸を除く）でも地下水は利用可能であったが，深層地下水の塩水化はこの時にかなり進行したと考えられている。緊急時とはいえ，西条市自身にも被害が出ないように，地下水涵養に努めなければならない。

12）西条市地下水保全協議会の開催状況については，https://www.city.saijo.ehime.jp/site/mizunorekishikan/chikasuihozenkyogikai.html を参照。

働を実質化し，協議会を「話し合いの場」として効果的なものにするための課題を以下に述べて，本書を締めくくりたい[13)]。

第1は，話し合いの実効性を高める主体の形成である。審議会方式のように，あらかじめ専門家や住民の代表などの参加者を決めるのではなく，まず地域の中で「誰がその問題に関心やニーズをもっているのか」「課題の解決に向けて誰が参加する必要があるのか」を把握する必要がある。それなしには，効果的な話し合いができないからである。特に「見えにくい」地下水に関係する複雑で多様な主体間で対等な話し合いや合意形成を図るためには，共通の目標や認識のすり合わせを行うNPOや専門家のような橋渡し役を介した協働の場が求められる。

第2は，多様性の確保である。地縁団体のような伝統的なコミュニティ以外にも多様に存在するコミュニティを巻き込まなければ，特定の人たちの声だけが反映される参加になり，公正性を欠く結果を招いてしまうからである。地下水は表流水に比べて採取できる地点が散在し，さく井技術の発達によって，個々の利用者によるアクセスが容易になっているため，私的利用に供されやすく，利害関係者が複雑化している。西条市の地下水保全協議会は，高校生が参加する他ではあまり見られないユニークな点も有するが，参加者の幅は自ずと限られてしまう。したがって，協議会以外にもアンケートやインタビュー調査，関係団体・地区懇話会の開催，パブリックコメントなどのような参加の機会を創設し，西条の地下水の未来づくりにできる限り多くの住民を巻き込んでいく必要がある。

第3は，伝統的なコミュニティにありがちな「やらされ感」を払拭して，「関わり感」を醸成していくことである。そのために求められるのは，世帯単位ではなく，個人単位であくまで自主的に加入する「緩やかな」参加の機会である。従来，行政は地下水政策のプロセスに住民参加の機会を積極的に確保してきたとは言えず，「一方的な情報提供」や「意見聴取」といった「形式的な参加」に留まってきた（千葉，2020：200）。しかしだからと言って，説明会やワークショップのような話し合いの場が設けられたとしても，一部の住民が少数集

13）以下の記述は，川勝（2020：107-110）に依拠しつつ，独自に再整理したものである。

まるだけでしかもその場限りで終わるということもある。住民参加の機会を忌避しがちだが，やらなければ説明を求められるがゆえに形だけやる実態は，住民参加どころか行政への不信感を高めることになりかねない。住民が自らアンケート調査やワークショップ開催などに直接関わり，他の参加者と協働して取り組むプロセスを心から楽しみ，小さな成功体験を積み重ねていく。そうした機会を今後は数多く創出していく必要があろう。

協議会の今後の成否を握るのは，住民の声をどれだけ幅広く集め，「地域公水」の理念をいかに実質化できるかにある。協議会のような話し合いの場を通じて関係者が互いに学習し，“当たり前”の価値を常に問い直しながら「うちぬき文化」を未来へつなぐことが，「水の都」を受け継ぐ西条の人々の使命ではないだろうか。

引用・参考文献

FAO（2016）. *Global Diagnostic on Groundwater Governance.*〈http://ihp-wins.unesco.org/documents/357〉（2022年2月21日確認）

遠藤崇浩（2010）.「地表水と地下水の統合管理―愛媛県西条市を事例に」秋道智彌・小松和彦・中村康夫［編］『人と水―水と環境』勉誠出版, pp.211–232.

川勝健志編著（2020）.『人がまちを育てる―ポートランドと日本の地域』公人の友社

西条市（2017）.『西条市地下水保全管理計画』〈https://www.city.saijo.ehime.jp/uploaded/attachment/25984.pdf〉（2022年2月5日確認）

谷口真人（2016）.「持続可能な地下水の利用と保全―水循環基本法及び水循環基本計画の策定を受けて」『地下水学会誌』, **58**(3), 301–307.

千葉知世（2020）.「地下水ガバナンスの意義とその推進に向けた課題」『地下水学会誌』, **62**(2), 191–205.

コラム：元職員による私史

佐々木和乙

地下水管理との出会い

私は西条市役所職員として2004年11月から2016年3月まで水資源管理に関わってきました。2004年11月1日の旧西条市，東予市，丹原町，小松町の2市2町のいわゆる「平成の大合併」に伴う機構改革で，水資源管理の業務が水道課から環境課（現：環境政策課）に移されたことが始まりでした。

地下水との関わりについて忘れられないエピソードが一つあります。それは，西条市役所に入庁してから一年目の1978年3月の消防観閲式での出来事です。当時，消防観閲式のフィナーレで消防自動車が加茂川の武丈河原に五色に色づけられた水を放水するのが恒例でした。この時，染色会社に色粉を受け取りに行ったのが消防署に勤務していた私でした。ところが，観閲式の二日後に加茂川右岸の民家の蛇口から色のついた水が出たというクレームが消防署に寄せられました。幸い一日で収まり，事なきを得ましたが，観閲式の放水が原因であることに間違いありませんでした。翌年の消防観閲式から放水に色づけを行わないようにしたことは，言うまでもありません。加茂川の流れと地下水の密接な関係をリアルに示した例で，地下水の担当になった時に蘇ったエピソードです。

機構改革の目的は水道水源に縛られることなく，市役所全体で水資源の保全について考えることでした。西条市ホームページの「水の歴史館」には「人と水」，「産業と水」，「環境と水」の視点から水資源管理を考えることが示されている所以です（図1を参照）。

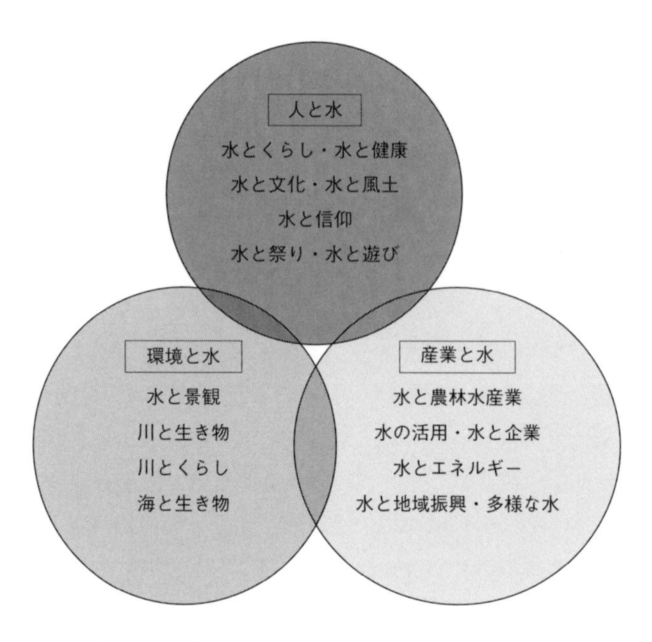

図1　西条市の「うちぬき文化」を示す三つの視点（西条市ホームページ「水の歴史館」〈https://www.city.saijo.ehime.jp/site/mizunorekishikan/〉（2022年3月5日確認）より）

西条ではなぜ地下水問題が生じなかったのか

地下水問題は，①地下水位の低下（資源の枯渇），②水質汚染，③地盤沈下（地盤隆起）の3点であると考えられています。西条市はこの三つの障害をほとんど経験していません。

地下水保全のポイントはシンプルで，節水と涵養です。どちらも地下水利用者である市民の理解，関心の高さが求められます。西条市はこの2点について，具体的にはほとんど取り組んできませんでした。西条市は1978年から地下水位の測定を開始しています。1973年に加茂川の上流に黒瀬ダムが完成し，1981年から西条地区工業用水事業が開始される予定であったために，工業用水の安定確保を目的としていました。しかし，その測定結果は公表されることはなく，市民に地下水保全を強く啓発することもありませんでした。市民も同様に，今の豊かな地下水の利用状況は当たり前であり，枯渇や汚染などは考えられず，無限であると考えている市民が多かったと思います。しかし，西条市は奇跡的に地下水に関する深刻な障害は経験していません。

その大きな要因として考えられるのは，唯一，昔から言い伝えられてきた，「地下水の涵養域に地下水を大量に汲み上げること」，「地下水汚染につながる化学薬品等を使用する企業を誘致しないこと」という“まちづくりの掟”です。それを忠実に守ってきた農業関係者の頑固さが地下水を守ってきたのだと思います。ただし，その“まちづくりの掟”は明文化されることもなく，伝承されてきたものです。つまり，“無意識の保全”で守られてきたと言っても過言ではありません。

西条市の地下水と科学の出会い

2017年に市が公表した「西条市地下水保全管理計画」につながる地下水資源調査に真剣に取り組み始めたきっかけは，1995年11月に（故）伊藤宏太郎氏が旧西条市の新市長となり，地方自治法に基づく総合計画の策定に取りかかったことにあります[1)]。旧西条市は，当時で5万5000人前後の人口でしたが，総合計画は5年後の人口予測について，コーホート法などの予測を上回る10万人を目標に掲げていました。

総合計画の基本構想をまとめるにあたり，伊藤市長（当時）は「西条市の地下水資源は経済発展を図りながら人口が増えて行った場合，何人まで養えるポテンシャルがあるのか。1日にどのくらいの量の使用が可能なのか」という疑問をもち，担当職員に問いかけましたが，誰も答えられませんでした。

そこから地下水資源調査の必要性に気づき，旧西条市は1996年から2000年まで（株）応用地質と委託契約を締結して「西条市地下水資源調査解析業務」

1）総合計画は地方自治体の全ての計画の基本となり，まちづくりの最上位に位置づけられる計画です。この計画では，長期展望をもつ計画的，効率的な行政運営の指針が盛り込まれます。1969年の地方自治法改正により，第2条第4項「市町村は，その事務を処理するに当たっては，議会の議決を経てその地域における総合的かつ計画的な行政の運営を図るための基本構想を定め，これに即して行うようにしなければならない。」と定められ，総合計画の基本部分である「基本構想」の策定が地方自治体に義務づけられました。それ以降，総合計画を策定する地方自治体が増えました。

を行い，西条平野における地下水資源の調査を行いました。その報告書では，「西条平野には4つの地下水盆が存在し，岡村断層と推定断層に挟まれた内陸地下水盆が重要な役割を果たしている。内陸地下水盆は東西約5.6km，南北約2.2kmの範囲で深さは約150m～200mを有する。この地下水盆の地下水賦存量は2億6000万～3億5000万立方メートルと推定される」と報告されています。西条平野の地下水盆の構造と地下水賦存量は，この時に初めて明らかになったのです。

地下水法がない

この調査報告を受けて，旧西条市は地下水保全条例の策定に向けて検討を開始しました。しかし，地下水は「私水」であるという概念を払拭できず，条例の策定のみが検討され，「地下水保全管理計画」の策定が検討されることはありませんでした。条例についても，調査報告が行われてから制定まで実に4年の月日が費やされています。地下水保全条例の制定が憲法第29条第1項に定められている財産権の侵害になるのではないかという懸念が立ちはだかり，意見の集約が難しかった結果です。規制を伴う条例を策定する場合，地方公共団体は訴えが起こされた場合を危惧する傾向が強くあります。もしこの段階で地下水法が存在していれば，もっとスムーズに手続きが進んでいたのではないかと考えています。2014年に水循環基本法が制定されましたが，河川法改正や地下水法の検討などが手付かずに終わっています。いまも地方公共団体が独自に条例を制定しなければならない状況に変わりはありません。

2004年11月の平成の大合併に向けて，2市2町の合併事務協議も併行して行われていましたが，東予市，丹原町，小松町の担当者から周桑平野における地下水資源調査が実施されていない。したがって，条例に規定されている手続きの履行は難しいとの意見が出され，「西條市地下水保全条例」の全市施行は見送られ，2004年7月に旧西条市地域（西条平野）に限定された暫定施行となり，現在に至っています。

2市2町の合併に伴い西条平野と周桑平野が一つの市域になったことで，周桑平野の地下水資源調査を早急に行い，「西條市地下水保全条例」を全市に適用しなければならないという合併課題が残されていました。合併後，道前平野（西条平野＋周桑平野）の地下水資源調査を行うために，コンサルタント会社や研究者の意見を聞くことから始め，準備を進めました。その段階で「地下水の循環流動に関する調査解析」が不十分であったことに気づかされました。「西条市地下水資源調査解析業務」では，西条平野の地下水賦存量がもつ人口ポテンシャルに重点が置かれていたため，地下水の賦存量を推定した段階で成果が上がったという判断をしたためだと考えられます。現段階でも地下水資源調査の手法は確立されていないため，試行錯誤の連続であったと思います。

その後，2006年から地下水の流動循環システムの解析をメインテーマとした「道前平野地下水資源調査」が始まりました。調査方法として，コンサルタント会社への一括委託契約をやめ，「道前平野地下水資源調査委員会」を組織し，委員会のメンバーや調査に必要な研究者と直接委託契約を結び，コンサルタント会社がそれをとりまとめることにしました。具体的には，コンサルタント会社，大学，研究機関と個別に委託契約を締結していきました。

同委員会の調査結果を活用して「持続可能な地下水保全システム」を構築し，西条市の地下水保全の未来の処方箋となるように，併行して「地下水法システム研究会」を立ち上げました。委員には水文学，地質学，地球環境学，行政学，財政学，環境経済学，法学，森林学等の多様な専門家に参加して頂き，条例に限らず地下水保全管理計画についても意見を頂くことにしました。「水循環基本法」の協議経過をみると，地下水の保全に十分な効果は期待できないと判断されましたので，市独自の条例で対応する必要があると考えた結果です。

道前平野地下水資源調査研究委員会と地下水法システム研究会は，「西條市地下水保全条例」の成立過程にかかる問題点を解決するために組織されたのです。両組織の議論の中で，水源から河口までが一つの行政区域にある西条市がその強みを活かした地下水科学的調査法と法システムを構築し，それを「西条モデル」として全国に発信していきたいという気持ちが強くありました。

担当専門職員の不在，問題意識の承継の難しさ

「道前平野地下水資源調査」で行われた資料調査では，約100件余りの科学的

な調査報告が公表されることなく，書庫で眠っていることが判明しました。資料を確認できた最初の調査報告書は，1952 年に資源科学研究所の鈴木好一教授が実施した「西条市地下水電気探査報告書」です。西条平野のほぼ全域で電気探査を行い，地下水の埋蔵量，工業用水取得の問題点，飯岡地区の地下水，加茂川上流の発電所設置の影響などについて，調査報告がなされています。地下水の自噴域や地下水等高線など，道前平野地下水資源調査と同様の結果が報告されていて，非常に驚かされました。資源研究所の調査は，1995 年まで続けられています。調査を行った主体は不明ですが，国が全国の工業用水調査を行った一環であったと考えられます。

これらの資料が専門的な知識をもつ担当者もしくは好奇心旺盛な職員に引き継がれ，承継されていたなら西条平野の地下水保全策はもっと早い時期に成立していたと思います。担当専門職員の不在と，3～5年で担当が変わる市独特の人事制度による問題意識の承継の難しさが招いた結果であると考えられます。

また，地下水研究の進んでいる地域は1級河川が存在し，国が関与した地下水調査資料が豊富に存在します。西条市内を流れる加茂川と中山川等は2級河川であるため，調査資料数は遙かに及びません。そのため，市独自の調査研究が求められますが，専門的な知識をもつ職員が存在しなければ起案できません。専門的知識をもつ職員を確保することは困難を極めます。西条市に一人でも多くの研究者や研究機関が調査研究に入り，その成果を共有し，政策に活かしていくことが求められます。

そのためには，この地域に興味をもった研究者が活動しやすい環境をつくらなければなりません。また，職員の意識改革も重要なポイントであると思います。これまで研究者や専門家の意見，指摘を受け入れることができず，敬遠して背を向け，せっかくのチャンスを逃してきた姿を数多く見てきました。今後の市政運営並びに好奇心旺盛な職員の行動に期待しています。

地下水は誰のものか

今から約 50 年前に，某テレビ局で西条市が紹介されたことがありました。

その時のキャッチコピーが「水道代のいらないまち」でした。当時の西条市の簡易水道の普及率が20%未満でしたし，市内中心部は水道が整備されていませんでしたので，反響が大きかったことを覚えています。しかし，それは表面的なものであって，事実とは異なると考えています。自家用水を使用することは，水源の確保を自ら行わなくてはなりません。また，塩水化などの汚染対策，地下水位低下に伴う水量減少など様々な事故を自己責任で解決していかなければいけないという大きなリスクを背負っています。安易なキャッチコピーに翻弄されないPR活動が求められます。

地下水の保全策を進めていくと，必ず「地下水は誰のものか」という疑問にたどり着きます。河川や湖は河川法等により公的管理がされています。しかし，地下水管理に関する明確な規定はありません。2014年に制定された「水循環基本法」第3条第2項には「水が国民共有の貴重な財産であり，公共性の高いものであることに鑑み，水については，その適正な利用が行われるとともに，全ての国民がその恵沢を将来にわたって享受できることが確保されなければならない。」と規定されています。

また，地下水保全の先進地である熊本市の地下水保全条例第2条第2項には，「地下水は，生活用水，農業用水，工業用水等として社会経済活動を支えている貴重な資源であることにかんがみ，公水（市民共通の財産としての地下水をいう。）との認識の下 に，その保全が図られなければならない。」と規定されています。ここで初めて地下水は「公水」であるとし，水循環基本法よりも一歩踏み込んだ表現がされています。

これらを参考に西条市の貴重な地域資源である地下水を保全するためには，共有よりも持分の譲渡が困難な「総有」として取り扱うべきではないかと考えています。熊本一規明治学院大学教授は，「総有」とは「地域資源とかかわりながら生活している地域住民が，地域に居住し続ける限りにおいて地域資源に対して有する共同所有」と定義づけています。すなわち，この地域に住み，地下水保全を含む自然環境維持活動に協力することで初めて地下水を利用する権利を得て，同時に地下水を保全する義務が発生すると考えられます。しかし，現在の西条市では，土地を所有すれば地下水は制限無く自由に使えると考えている市民がほとんどであると思います。つまり，民法第207条の「土地の所有権

西条市民の水資源に対する不安

地下水位の低下等水量　・　塩水化、硝酸塩汚染等水質

《 節　水 》

・使用量制限
・うちぬきにバルブ設置
・水のリサイクル推進
・雨水利用・雨水タンク設置義務化
・透水性舗装推進
・雨水浸透ますの設置
・下水処理水の再利用
・復水（涵養池・ビオトープの整備）
・井戸の設置許可制
・地方税法定外目的税導入

・河川、地下水のモニタリング体制整備
・使用量メーターの取り付け

《 涵　養 》

・水源林の取得（公有化）
・水源の森づくり
・企業林の拡大
・人工林の間伐管理（保土、保水）
　→ダムの濁り、河床の目詰まり解消
　→防災面
・針葉樹と広葉樹の複層林整備
・里山管理
・竹林整備
・水田灌水（耕作放棄地＋非灌漑期）
・企業田の拡大（休耕田）
・環境保全型農業の推進
・河川の河床整備

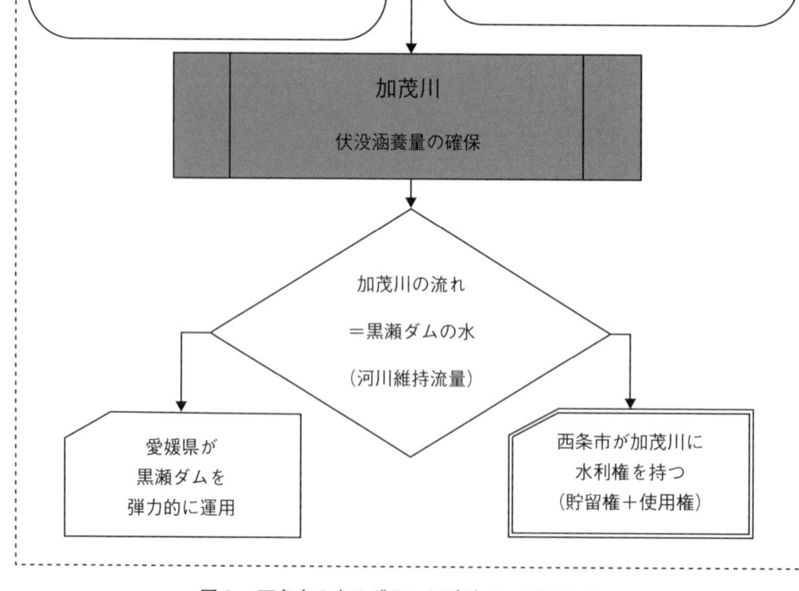

図２　西条市の水のグランドデザイン（筆者作成）

は，法令の制限内において，その土地の上下に及ぶ」という規定が優先されているように思います。

市民が地下水保全を含む自然環境維持活動に協力する方法は，資金と労力の提供であると考えられます。資金提供の方法には，水道料金のように使用水量に応じて相当の使用料金を負担するか，愛媛県森林環境税のように一律の負担にする二つの方法があります。労力の提供は，行政やNPO等が開催する環境保全活動に積極的に参加することが求められます。持続可能な地下水利用を保持し，地域の発展を支えるためには，地下水を「地域公水」と位置づけた「地下水保全条例」と「地下水保全管理計画」を策定し，市民，事業者，行政が一体となった取り組みを進めなければなりません。

最後に，西条市の水のグランドデザイン（図2）を示し，このコラムのまとめとしたいと思います。

引用・参考文献

西条市（2017）．『西条市地下水保全管理計画』〈https://www.city.saijo.ehime.jp/uploaded/attachment/25984.pdf〉（2022年2月5日確認）
西条市・（株）応用地質（2000）．『西条市地下水資源調査解析業務報告書』
資源科学研究所・鈴木好一（1952）．『西条市地下水電気探査報告書』

あとがき

「地下水を将来にわたって守るための仕組みをつくりたいので，ご協力いただけませんか」。今から15年ほど前に，当時まだ西条市職員として地下水行政に情熱を注がれ，本書でコラムもご執筆いただいた佐々木和乙さんから突如，研究室にお電話をいただいたことが，私と「水の都・西条」との最初の出会いでした。

当時の私は，佐々木さんとはもちろん西条市ともまったくご縁がなく，しかも研究者としてもまだ駆け出しだったので，「お問い合わせ先をお間違えではないでしょうか」と思わず聞き直したくらいです。しかし聞けば，まだ大学院生だった私が熊本地域を素材に地下水管理のための仕組み（特に財源確保策）について検討した拙い論文をお読みいただいて，西条市でもそのような仕組みを検討したいと，ご連絡いただいたとのことでした。それから間もなくして，西条市では「地下水法システム研究会」が立ち上がり，2009年1月にその第1回目が開催されて以来，私はほぼ毎年のように西条市を訪れ，地下水について深く学ぶ機会に恵まれました。

本書はその研究会で出会い，地下水に関する自然科学・社会科学の両面から数多くの教えを受けてきた先生方にご執筆いただくとともに，地下水行政の実務に携わる西条市の職員の皆さんの全面的なご協力を得ながら編まれました。出版のきっかけとなったのは，研究会としても原案づくりに深く携わり，西条市で策定された「地下水保全管理計画」において，全国で初めて地下水が「地域公水」として明確に位置付けられたことです。本書でも述べたように，日本では「地下水の利用権はその土地の所有者にある」とする私水説が長らく有力であったし，今もそうした考えは根強く残っています。その意味で，西条市が地下水を「地域公水」と位置付けて市民・事業者と行政が協力して利用・保全していくことは，まさに「水の都」にふさわしい挑戦的な取り組みであり，研究会としてもその挑戦の過程を書籍という形で語り継いでいく必要があると考えたからです。

いま１つのきっかけは，これほど水に恵まれた地にあって，西条市が過去に地下水に関する深刻な障害をほとんど経験したことがないのは，コラムでも紹介されている“まちづくりの掟”を頑固に守ってきたという西条の人たちに魅力と可能性を感じたからです。地下水を取り巻く環境が厳しさを増していく中で，将来にわたって地下水を守り伝えていくためには，行政や専門家だけでなく，市民の力が欠かせません。本書が西条の人たちにはもちろん，地下水保全をまちづくりとして取り組むすべての方々の一助となれば，望外の喜びです。

最後に，本書の原稿執筆に必要な現地調査や資料・データ・写真のご提供など，惜しみなくご協力下さった西条市環境政策課をはじめ関係部署職員の皆様，地下水保全協議会など市内各所でお話を聞かせて下さったすべての方々，また今回の出版計画を快く受け入れて応援して下さったナカニシヤ出版編集部の由浅啓吾氏には，この場をお借りして心より感謝申し上げたい。

2022 年 3 月

編者

執筆者紹介（執筆順，*は編者）

川勝健志（かわかつ たけし）*
京都府立大学公共政策学部教授
担当：序章，5章，終章，あとがき

中野孝教（なかの たかのり）
総合地球環境学研究所名誉教授
担当：1章

高瀬恵次（たかせ けいじ）
石川県立大学生物資源環境学部客員教授，（株）ホクコク地水技術顧問
担当：2章

大田伊久雄（おおた いくお）
琉球大学農学部教授
担当：3章

小川竹一（おがわ たけかず）
愛媛大学法文学部名誉教授，沖縄大学地域研究所特別研究員
担当：4章

遠藤崇浩（えんどう たかひろ）
大阪府立大学現代システム科学域教授
担当：6章

増原直樹（ますはら なおき）
兵庫県立大学環境人間学部准教授，総合地球環境学研究所客員准教授
担当：7章

佐々木和乙（ささき たかつぐ）
元西条市生活環境部長
担当：コラム

「水の都」を受け継ぐ

愛媛県西条市の地下水利用と「地域公水」の試み

2022年3月30日　　初版第1刷発行

編　者　川勝健志

発行者　中西 良

発行所　株式会社ナカニシヤ出版

〒606-8161　京都市左京区一乗寺木ノ本町15番地

Telephone　075-723-0111

Facsimile　075-723-0095

Website　http://www.nakanishiya.co.jp/

Email　iihon-ippai@nakanishiya.co.jp

郵便振替　01030-0-13128

印刷・製本＝亜細亜印刷／装幀＝白沢 正

Printed in Japan.

ISBN978-4-7795-1673-3